人体・環境を破壊する核兵器！

マンガ版 劣化ウラン弾

[作画] 白 六郎

[監修] 藤田祐幸（慶応大学物理学教室）
山崎久隆（劣化ウラン研究会）

[写真協力] 豊田直巳（フォトジャーナリスト）

合同出版

読者のみなさまへ

この本を手にとってくれて、ほんとうにありがとう!

こんな堅苦しいタイトルの本に興味をもつということだけで、あなたの問題意識がとても高い、ということがわかります。

劣化ウラン弾って、あちこちで話題になってはいるけど、まだまだそれがどういうものか、ほとんど知られていませんよね。

この本は、すごーーく具体的に劣化ウラン弾について解説することを第一の目標にしました。いま、日本で劣化ウラン(弾)についてもっともくわしい、慶応大学の藤田祐幸先生と「劣化ウラン研究会」の山崎久隆さんの監修を受け、さらにイラク戦争の実際をぼくたちに知らせてくれるフォトジャーナリストの豊田直巳さんのリアルな写真を何枚も掲載させてもらえたので、この本を読めばウランや劣化ウランの正体、劣化ウラン弾の非人間性など、裏から表までバッチリわかっちゃうよ。

ところで、ここでとつぜんだけど、日本の誇るべきショート・ポエム、短歌を2つ紹介してみよう。

身を寄せむ片隅もなき原子野《げんしや》に
激しき夕立《ゆうだち》の去るを待つのみ

(原爆で破壊されて荒野になった街は体を隠す場所もなく、激しい夕立が終わるのを待つだけだった)

ガンズメに防空壕《ぼうくうごう》を掘り当てぬ
布団《ふとん》をかつぎ蒸焼《むしや》きの姪等《めいら》

(3本爪のクワで防空壕のあとを掘り当てたら、布団を背負って蒸し焼きになった姪たちがいた)

蒲原《かもはら》徳子《とくこ》

じつは、この二首の短歌はぼくの母が作ったものだ。ぼくの母は24歳のとき、親戚の骨をひろおうとして原爆投下直後の、まだ煙がくすぶっている長崎市内に入って、被曝したんだ。でも、健康優良児としてメダルをもらったことのある頑健な母だったので、幸いにも原爆症を発病することもなく、84歳になったいまも元気です。その子どもであるぼくは被曝二世ってことになるから、もちろん核兵器を強く憎んでいる。

でも同時に、ぼくは『鉄腕アトム』を読んで育った世代だ。みなさんも知っているように、核兵器の材料はウランで、アトムの妹はウランちゃんですね。だからウランに何となく親しみや明るい未来を感じるんだよ。最初から疑ったり、憎んだりすることはむずかしいんだよねー……。このへんに劣化ウラン(弾)を説明するときのややこしさがあるんだね。

ぼくたちの子ども時代は「科学によってすばらしい世界が切り開かれる」という「科学信仰」が広く信じられていたんだよ。今では、科学が戦争に利用されるとか、科学の発達だけで人間がしあわせになることなんかないっていうのは常識になっているけど、むかしはそうじゃなかったんだ。科学や科学技術の結果から生まれたものには、はじめから大きな期待と信頼をもっていたんだ。

原子物理学は最先端の科学だったから、手塚治虫先生も「科学による明るい未来」への希望を込めて『鉄腕アトム』を作ったんだと思うんだ。

しかし、その後さまざまな研究によって原子物理学は科学かもしれないけど、「核の平和利用」とか「原子力発電」ということになると、とたんにあぶない話がたくさん飛び出してきて、ウソで塗り固められていることがわかってきたんだ。どこがどうウソなのか、頭の先からシッポまできちんとまとめているのがこの本の特徴だよ。はっきり言って、核エネルギーや核兵器と人類は共存できないカンケイなんだ!

この本を読み終わったあなたは、ウラン、核兵器、原子力発電から、アフガン戦争、イラク戦争、ニューヨーク飛行機テロまでが一本の線でつながることがわかると思うよ。できたらそのことをあなたのまわりの人にどんどん伝えてください。

そしてこの本をぜひ読んでみるようにすすめてください!

これ以上、世界にヒバクシャをふやさないように!
アフガン、イラクの子どもたちを想いながら

白 六郎

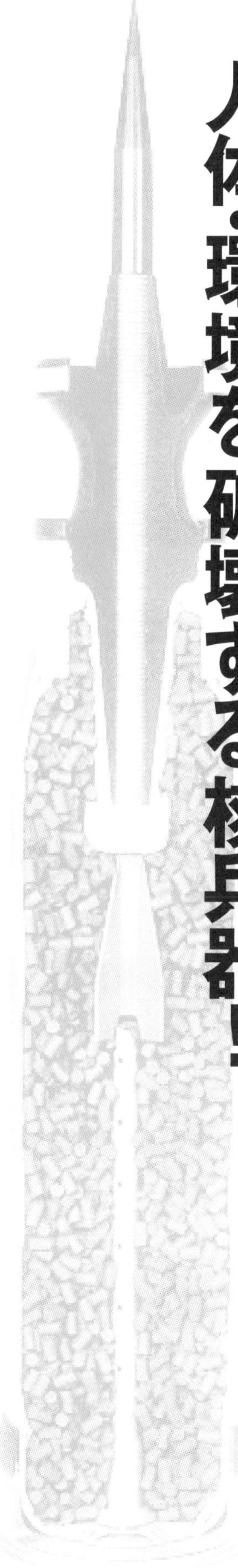

人体・環境を破壊する核兵器!

マンガ版 劣化ウラン弾

Contents

献辞

宇宙船地球号に乗り合わせたすべての生きものたち、
命あるもの、かつて命あったもの、
これから産まれる命にささげる

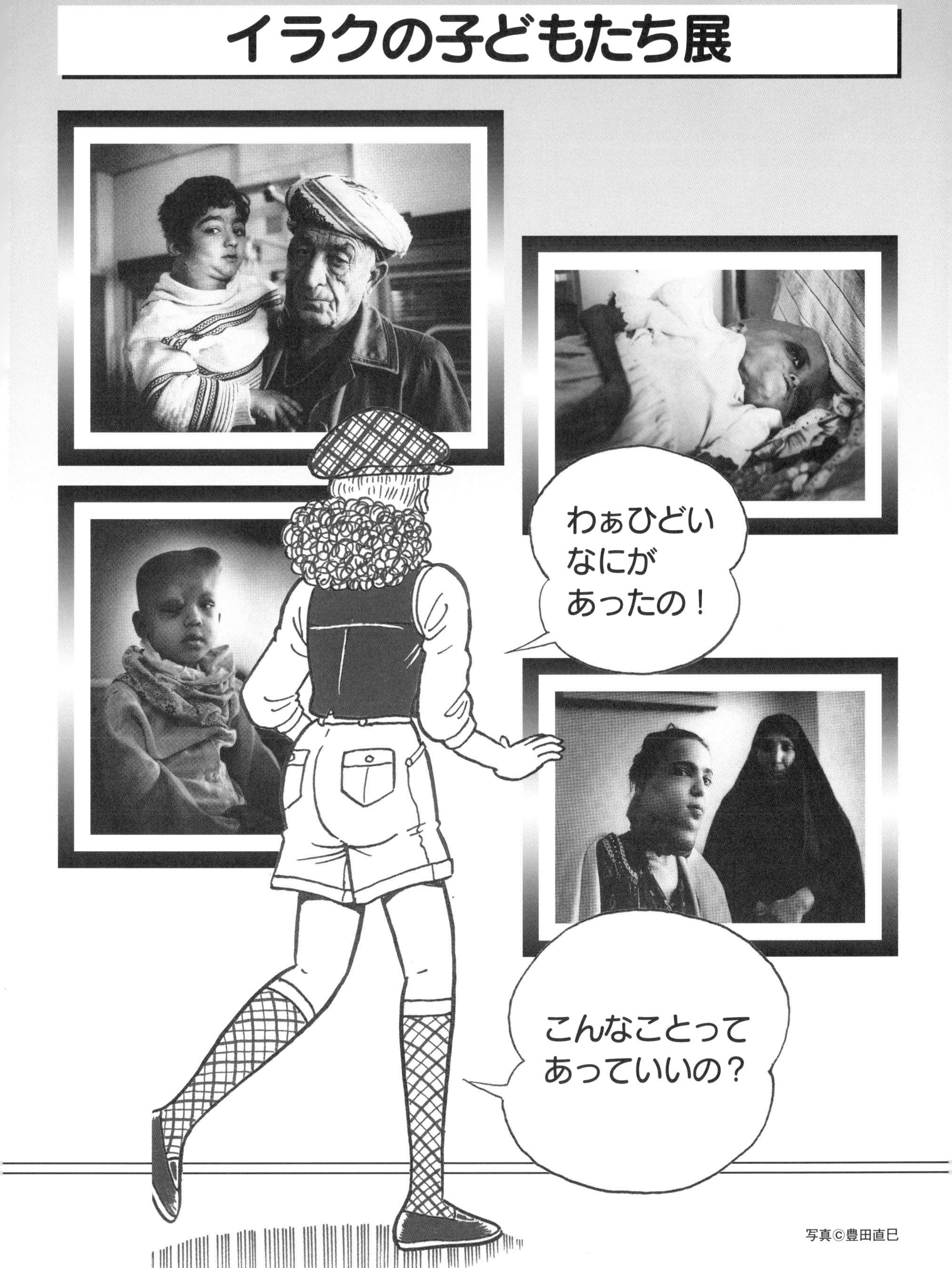
イラクの子どもたち展
わぁひどい なにが あったの！
こんなことって あっていいの？

写真©豊田直巳

この子たちに
何があったの？
センセイ！
それは
こちらの方
から聞くと
いいわよ
こんにちは
中島です。よろしく！　ぼくは
世界各地の紛争
地域をまわって
取材してます
平和中学１年
小鳩 ナナ
フォトジャーナリスト
中島真実さん

この子たちはね
イラクで
劣化《れっか》ウラン弾《だん》の
被害をうけたん
だよ
劣化ウラン弾？
それなーに？

それはおそろしい
放射能・猛毒
兵器です！

劣化ウラン弾で破壊されたイラク軍戦車（写真©豊田直巳）

劣化ウラン弾（120mm戦車砲弾）
を装着する米軍兵士

第1章　何が起きているの？

①

劣化ウラン弾は戦車の装甲や建物の壁をトウフのようにすっぽり貫通します。弾は貫通の衝撃で発火します

②

千数百度の熱で兵士や住民を一瞬のうちに焼き殺します
燃えた劣化ウラン弾は微粒子となって大気中に拡散します。この微粒子（酸化ウラン）は猛毒の放射性物質です

③

タバコの煙より細かい粒子は風に運ばれて数百キロも飛び周囲を汚染します

劣化ウラン弾が貫通した戦車の装甲板
(2003年、イラクにて）写真©藤田祐幸

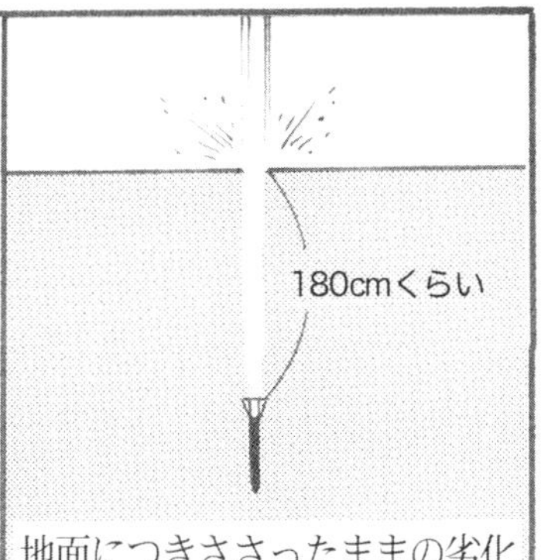

地面につきささったままの劣化ウラン弾はやがて水にとけて土壌や地下水を汚染します

使用された劣化ウラン弾
（30mm機関砲弾）

イラクではこの劣化ウラン弾が市街地でも使われたため、広い地域がウランで汚染されています

微細な酸化ウランの粒子をたった１個吸い込んだだけでも、その人は放射性物質で体内被曝《ひばく》します
また、ウランの重金属《じゅうきんぞく》毒性にもおかされます

体力の弱い子どもはより大きな影響をうけ、数日で重金属中毒の症状が現れることもあります

そして劣化ウラン弾の影響は、次の世代にもおよびます
空気や土壌、食べ物から被曝した女性や男性の間から産まれる子どもたちに先天性疾患《せんてんせいしっかん》*が現れる可能性が大きくなります

*生まれもった病気

劣化ウラン弾による放射線障害や重金属毒性の影響は、戦争の犠牲になる市民だけではありません
従軍した兵士にも現れているのです

いま、イラクではたくさんの子どもたちが劣化ウランの被害で苦しみ、死んでいる！
劣化ウラン弾は世界各地で市民を殺し、家を破壊し、生まれてくるだろう未来の子どもたちにも健康被害を与えるんだよ
しかも劣化ウランの放射能*は**半永久的に消えないんだ**
なんてひどいの!!
こんなことがどうして許されるの!?イラクの人には、危険だって知らされていないの？
*ウラン238の半減期は約45億年(29ページ)

イラクは人口の半数以上が子どもで、戦争の被害ははかりしれない
これから生まれてくる子どもたちのことを考えるとほんとうにおそろしくなる
子どもたちが最大の被害者なのだ！

仮埋葬の墓地だった場所は、湾岸戦争後に激増した子どもたちの死によって
「子どもの墓地」と呼ばれるようになった （2002年12月 イラク、バスラにて）
写真©豊田直巳

米英軍がイラク戦争*は終わったと宣言した後も、イラクでは毎日のように戦争の後遺症で子どもたちが死んでいる！
湾岸戦争からイラク戦争へ
それだけじゃない
米兵やイギリス兵にも
劣化ウラン弾の被害が
現れはじめている
湾岸戦争（1991年）に出征《しゅっせい》した米兵の43％が何らかの病状を示している
今回のイラク戦争でも同じことが起こりはじめている

＊イラク戦争は2003年3月20日に開戦、5月2日に終結宣言

第2章　ウラン微粒子の2つの脅威

劣化ウラン弾で被曝《ひばく》するって広島・長崎のヒバクシャと同じ症状なんですか？
劣化ウランには、放射線による被害と、ウランによる重金属《じゅうきんぞく》被害があるんだよ

ウランは有機水銀や鉛とおなじ重金属。重金属がある量を超えて体に入るとさまざまな障害を引き起こす。ウランもそれ自体が重金属毒性をもつ猛毒。

■原爆による被害

1945年８月、広島で原爆にあった女性。熱線で皮膚が焼けただれた

■メチル水銀による中毒

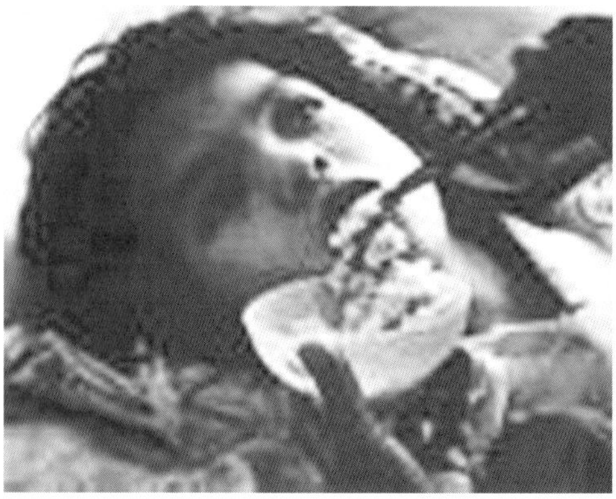

工場排水に含まれたメチル水銀が海や川の魚介類を汚染し、それを食べた人に発症した。熊本水俣病（1956年５月の公式発見）と新潟水俣病（1964～65年、第二水俣病）の二つが知られている。体内に蓄積したメチル水銀によって脳神経が侵され、胎児にも影響を与える

■カドミウムによる中毒

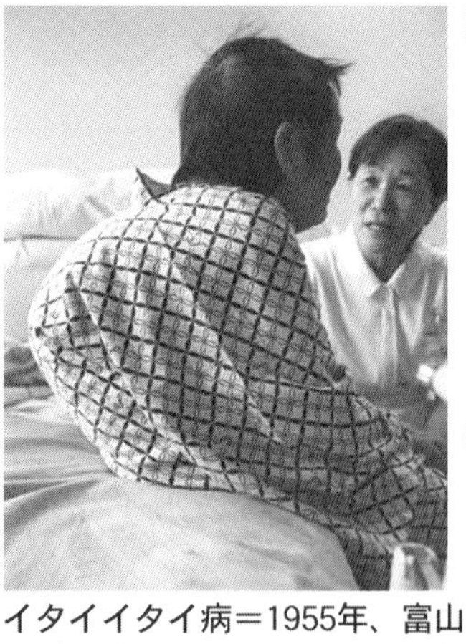

イタイイタイ病＝1955年、富山県神通川流域で発見された原因不明の奇病だった。患者は体を動かすだけで全身の骨が折れ、イタイイタイと悲鳴をあげた。1968年、神岡鉱山から排出されたカドミウムによる慢性中毒と判明した。骨折ですっかり背が曲がった患者さん

劣化ウラン弾が引き起こすおもな症状

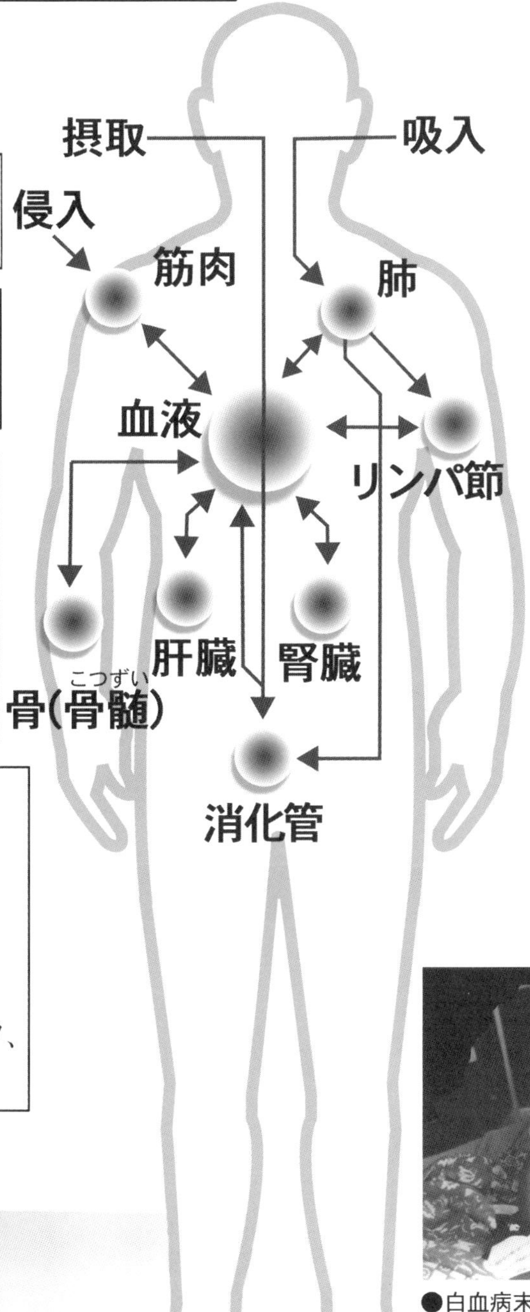

視力低下、眼痛、光過敏《かびん》

吐き気、喉頭《こうとう》ガン、舌ガン

肺ガン、リンパ腫《しゅ》、呼吸器疾患、皮膚ガン、乳ガン、白血病、甲状腺《こうじょうせん》ガン、免疫不全《めんえきふぜん》など

胃ガン、子宮ガン、胃腸炎、腎臓ガン、腸ガン、肝臓ガン、膀胱《ぼうこう》ガン、卵巣ガン、睾丸《こうがん》ガン、月経異常、性交痛、インポテンツ、出産障害

頭痛、慢性疲労、記憶喪失、めまい、脳腫瘍《しゅよう》、ウツ病

関節炎、骨髄腫《こつずいしゅ》、靭帯《じんたい》ガン、感染症

被曝《ひばく》した親から産まれた新生児の病気

無脳症、クルゾン症候群、先天性四肢《しし》短縮症、手・足指欠損・過多・ゆ着、口唇《こうしん》・口蓋裂《こうがいれつ》、目耳欠損、各種内臓疾患《しっかん》など

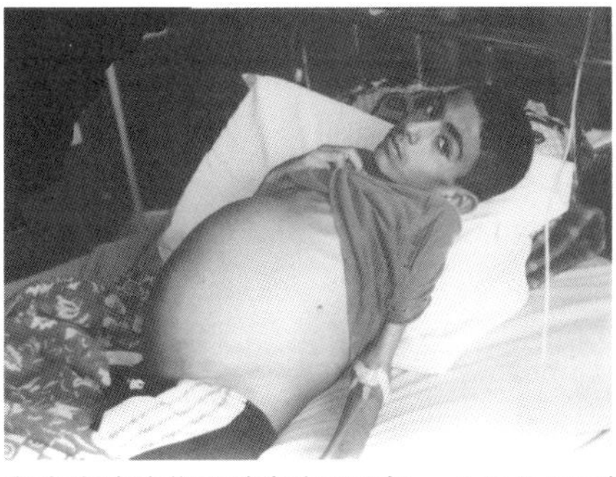

●白血病末期の少年(2003年、イラクにて)
写真©藤田祐幸

●11歳のアヤドは、劣化ウラン弾で汚染されているかもしれない戦車の残がいから金目のものをはがしていた。彼と彼の家族が生きるために
(「国連環境計画の報告書」から)

被曝の２つの経路

外部被曝《ひばく》

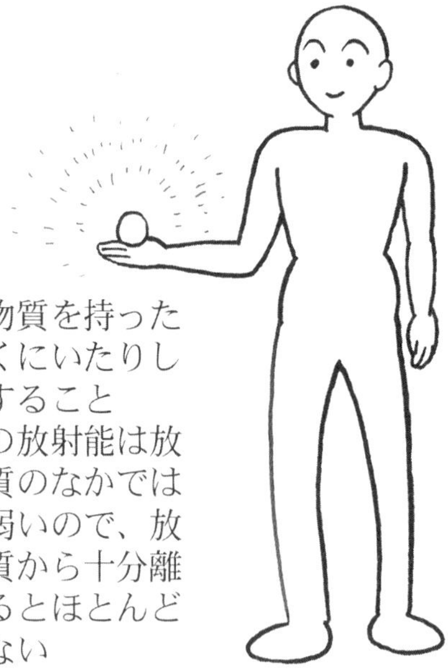

放射性物質を持ったり、近くにいたりして被曝すること
ウランの放射能は放射性物質のなかでは比較的弱いので、放射性物質から十分離れているとほとんど被曝しない

内部被曝（①②）

①経口被曝

放射性物質やそれを含む水、食べ物を飲み込んで体内で被曝すること
嚥下《えんげ》による被曝ともいう

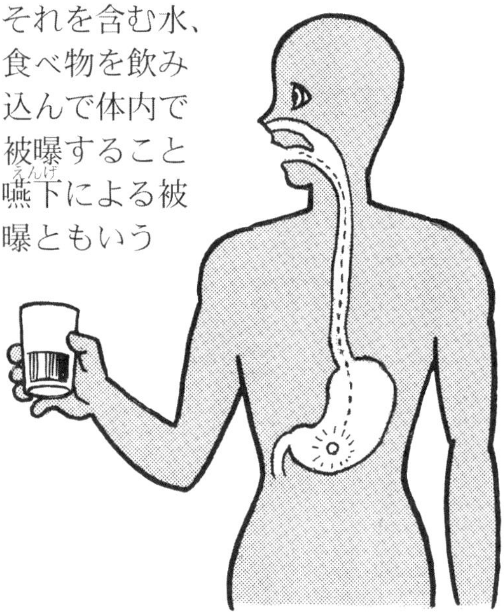

②吸引被曝

呼吸から放射性物質の微粒子を吸い込むこと
劣化ウラン弾による被曝はこの例が多い

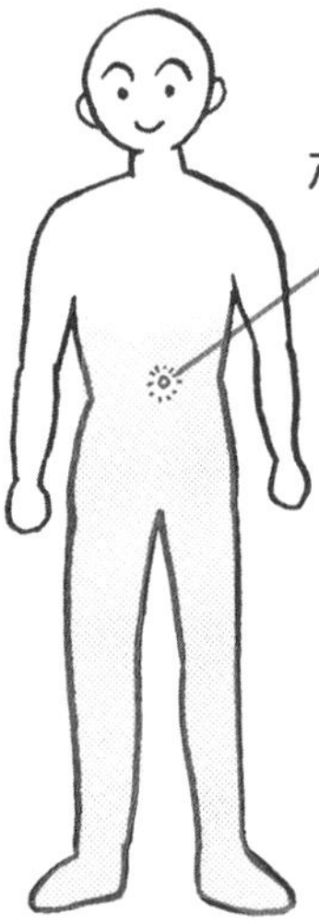

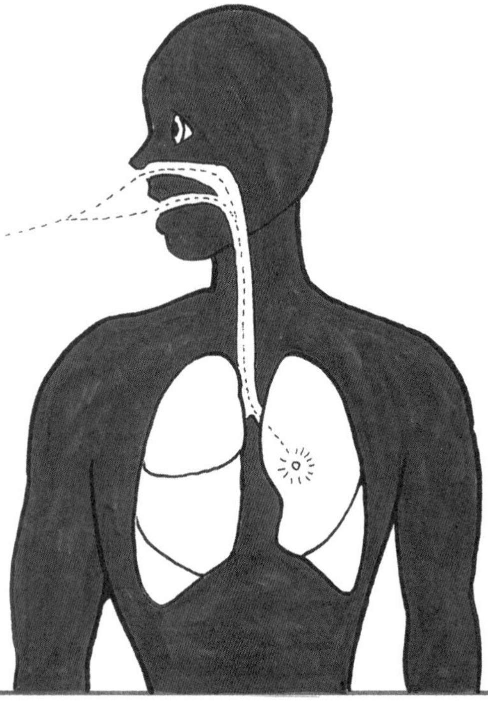

肺に入ったウランの微粒子は血液に入って内臓や全身に移動する。微粒子がとどまった場所をホットスポットという
微粒子は全身のいたるところで放射線を出しつづけ､直接､細胞や細胞内の染色体《せんしょくたい》を傷つける
この放射性物質の微粒子による内部被曝の人体影響が「ホット・パーティクル」と呼ばれる危険な被曝の実態で、体の外から調べようとしても、簡単にはわからない

第3章　劣化ウラン弾ってどんなもの？

具体的に
劣化ウラン弾って
どんなものですか？
弾の種類は20mm*
機関砲弾から120
mm戦車砲弾まで
各種あるよ
A-10サンダーボルト用
30mm劣化ウラン弾

劣化ウラン弾(戦車砲弾)の構造

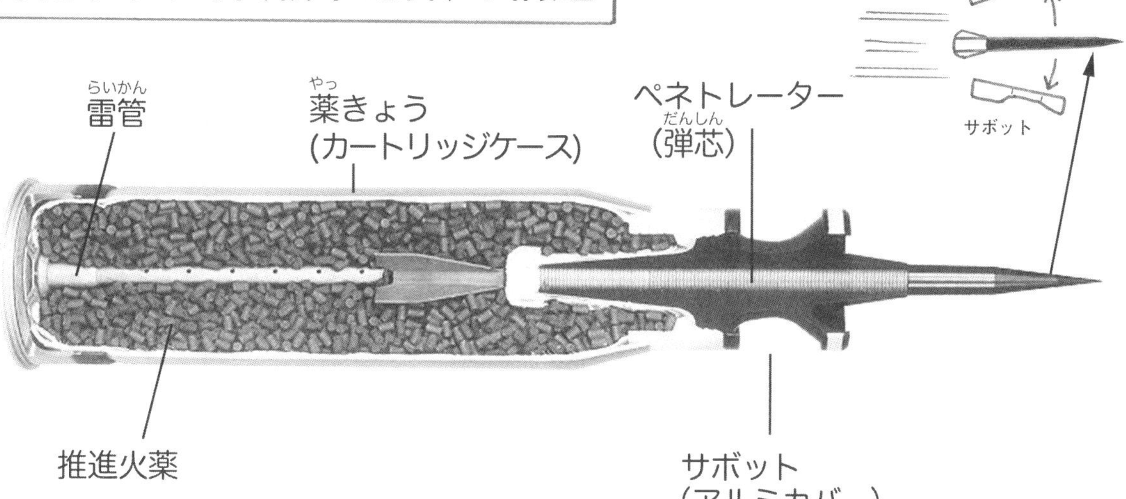
雷管《らいかん》
薬《やっ》きょう
(カートリッジケース)
ペネトレーター
(弾芯《だんしん》)
サボット
推進火薬
サボット
(アルミカバー)

推進火薬の爆発の力で撃ち出された劣化ウランの砲弾は、サボット（アルミカバー）を脱ぎ捨て、ペネトレーター（弾芯）と羽根だけになって飛び、目標を撃ち抜きます

＊20mm、30mmというのは、弾の太さ(直径)のこと

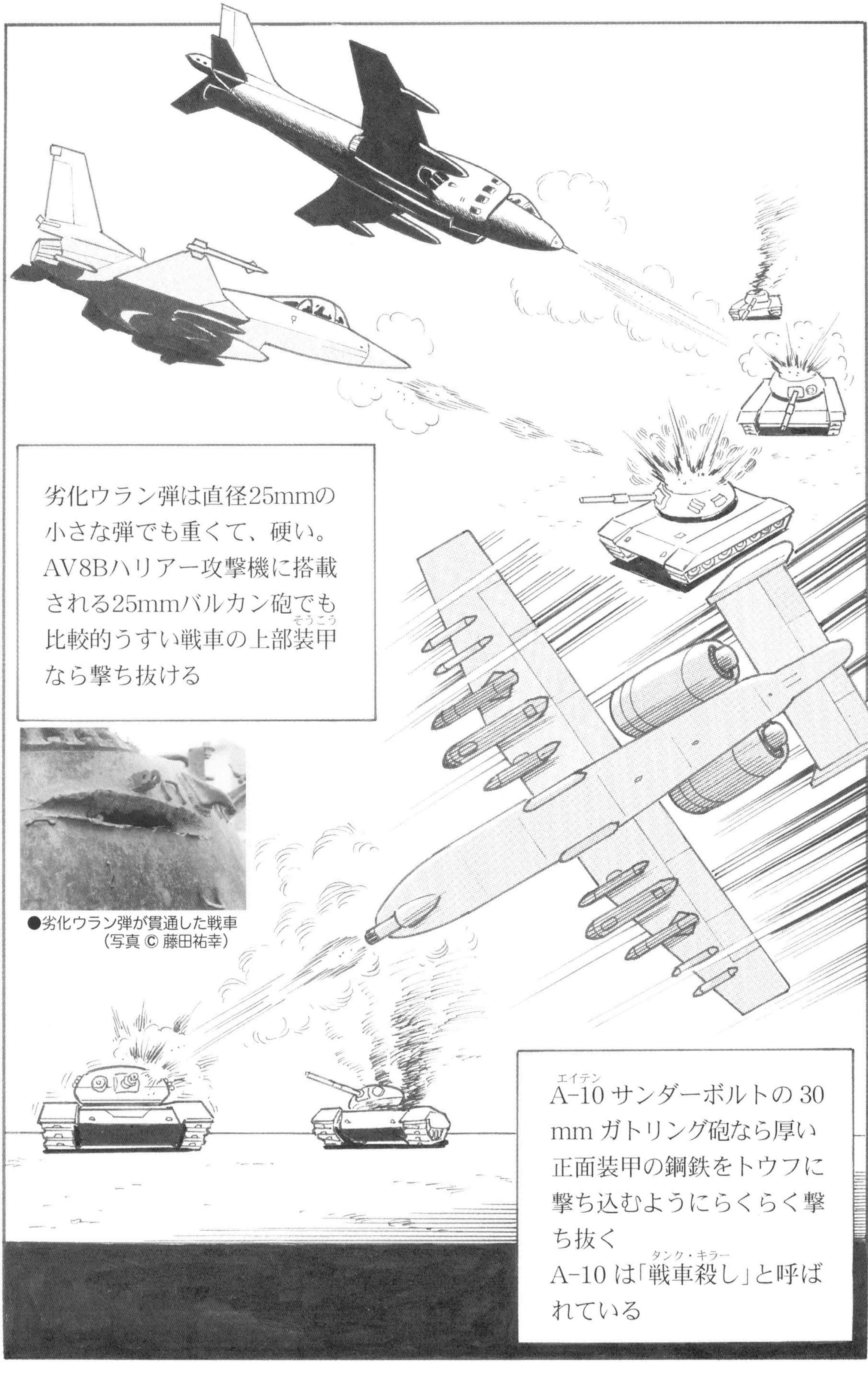
劣化ウラン弾は直径25mmの小さな弾でも重くて、硬い。AV8Bハリアー攻撃機に搭載される25mmバルカン砲でも比較的うすい戦車の上部装甲《そうこう》なら撃ち抜ける
A−10《エイテン》サンダーボルトの30mmガトリング砲なら厚い正面装甲の鋼鉄をトウフに撃ち込むようにらくらく撃ち抜く
A−10は「戦車殺し《タンク・キラー》」と呼ばれている

●劣化ウラン弾が貫通した戦車
（写真 © 藤田祐幸）

すぐれた命中率

通常の戦車砲弾はカーブ（放物線）をえがいて目標に飛んでいく。放物線は複雑な「弾道計算」が必要で、命中率は低い

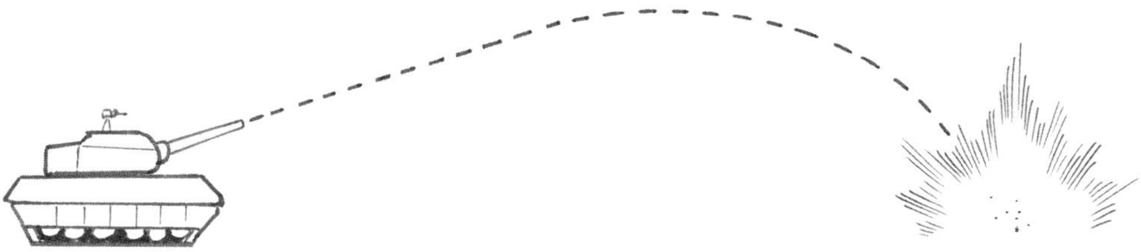

しかし、米戦車 M1-A1 エイブラムスから発射された 120mm 劣化ウラン砲弾は、推進火薬の強力な燃焼力で飛び出す

空中でアルミカバーを脱ぎ捨て、重い弾は槍《やり》のように直進する

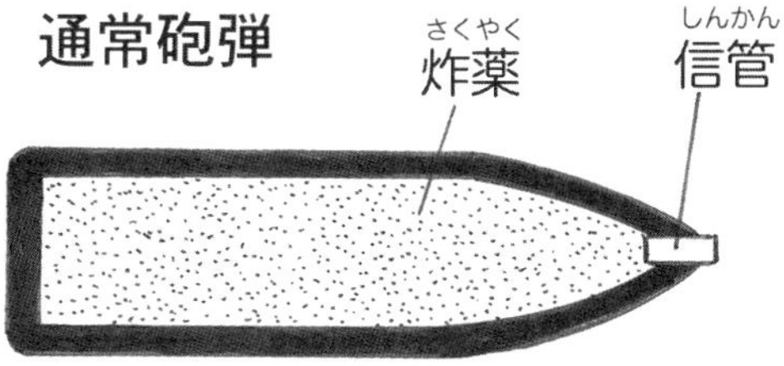

目標に衝突し、信管によって炸薬が爆発する

劣化ウラン弾はウラン自体が衝突の衝撃で発火する。このため通常砲弾のように弾の内部に炸薬がいらず、細長く作れる

射程距離が長く、通常弾より直進性が高いので、普通の120mm砲弾よりも命中精度が高く、射程も長い

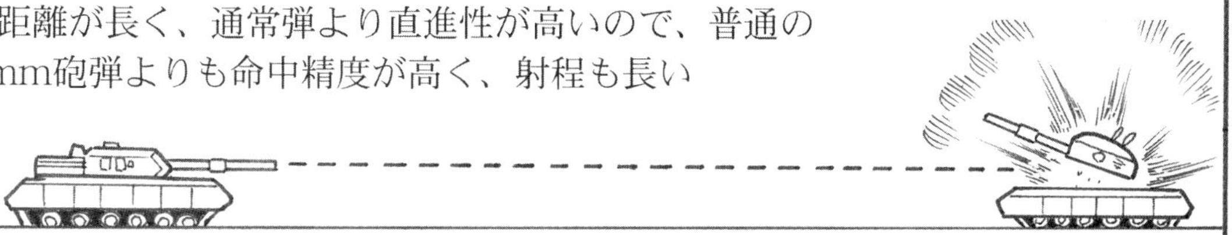

砲弾はぶ厚い戦車の鋼鉄の板を撃ち抜き、内部で発火する。戦車の内部を焼きつくすため徹甲焼夷弾《てっこうしょういだん》*とも呼ばれている

＊徹甲＝装甲を貫くこと。焼夷＝燃焼して焼きつくすこと

■ミサイルにも使われる劣化ウラン

劣化ウランを使用したミサイルは比重が高く硬いため大きな破壊力がある。地下壕や岩穴すらも貫通して内部を焼きつくす

■A-10サンダーボルトで劣化ウラン弾を撃ち込まれるイラク計画省ビル（2003年4月）

劣化ウラン弾はものすごい威力があるのね
それじゃ戦争というより一方的な攻撃だったのね！
湾岸戦争（1991年）では、イラク軍の戦車は1000台以上破壊されたけど、米軍の戦車の被害は同士打ち以外は1台もなかったと米軍は発表しているんだ
戦車だって、防空壕だって、コンクリートのビルだって、まったくトウフだぜ！すばらしい!!魔法の兵器だ！
使われる方にしたら**悪魔の兵器**よね……

戦車の装甲板の劣化ウラン

砲弾、ミサイルのほか、劣化ウランは防御用にも使われている。たとえば戦車・装甲車の装甲板《そうこうばん》に使われ威力を発揮する

M1-A1
エイブラムス戦車

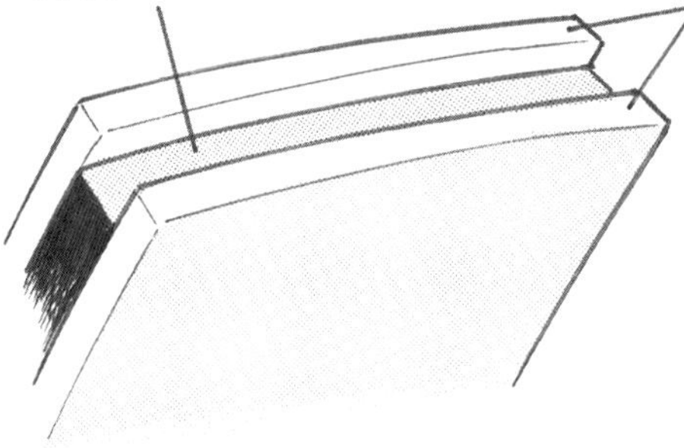
劣化ウラン
鋼鉄などの金属板

■劣化ウランは硬い金属

金属の板で劣化ウランの金属板をはさんでサンドイッチ状にする。劣化ウランで作られた装甲板は劣化ウラン弾でなければ撃ち抜けない
でも……

鋼鉄の板ではさんであるから放射能はもれませんネ
ダイジョーブ
ダイジョーブ!!

米軍情報部はこういうが、じつは湾岸戦争では米軍の同士打ちがたびたびあった。戦車が破壊されれば、劣化ウランが燃えて微粒子になり、戦場の兵士は被曝《ひばく》をまぬがれないだろう

だいじょうぶかなあ？ ホントに？

第4章　劣化ウラン弾を使う兵器

MK149、20mm機関砲弾を充填《じゅうてん》する米軍兵

＊海軍の対空防衛システム
(ファランクス・システム)
CIWSに使用

機関砲・大砲

M61A1バルカン砲

6砲身
4000～6000発／毎分
20mm機関砲弾を使う

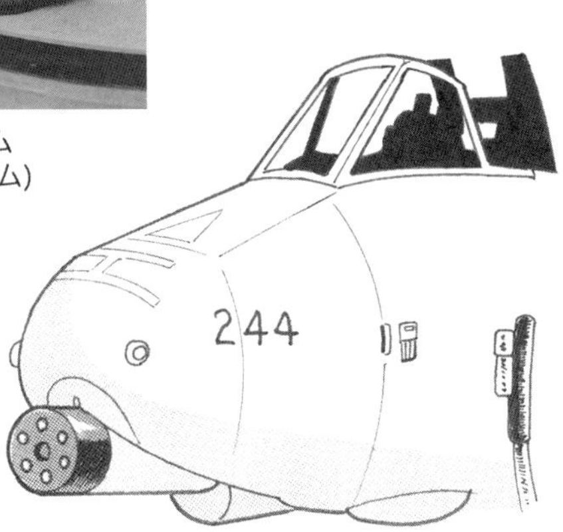

GAU-12/U

イコライザー25mm機関砲。AV8Bハリアー攻撃機に搭載

GAU-8/A アベンジャー機関砲

7砲身ガトリング式
2100～4200発／毎分
30mm機関砲弾を使う
＊A-10サンダーボルトなどに装備

各種の戦車・戦闘車両

エイブラムス戦車 M1-A1、A2（米国）

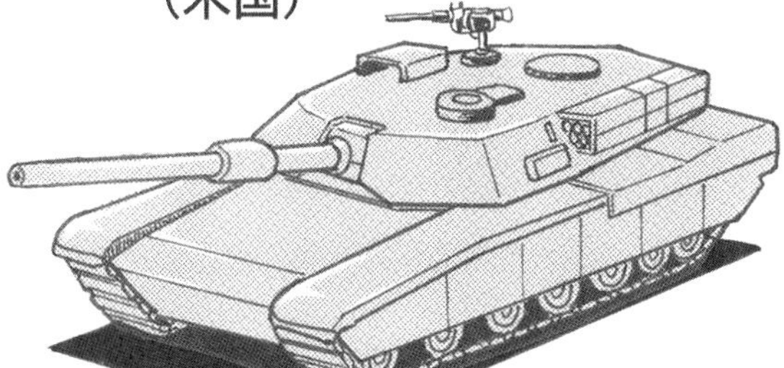

チャレンジャー（英国）

105mm、120mm
戦車砲弾を使う

ミサイル・爆弾

AGM-86/CALCM巡行ミサイル

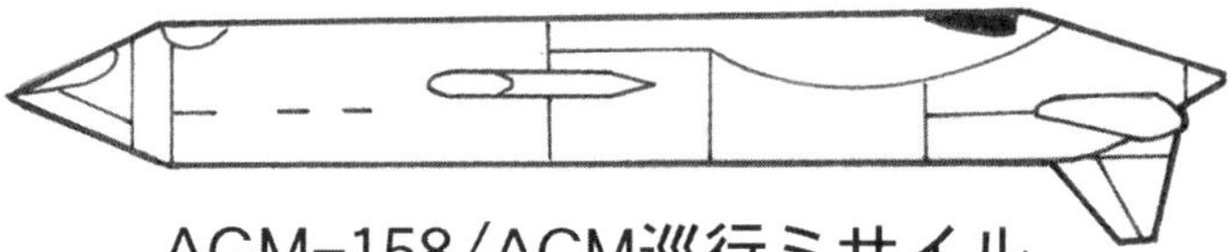

AGM-158/ACM巡行ミサイル

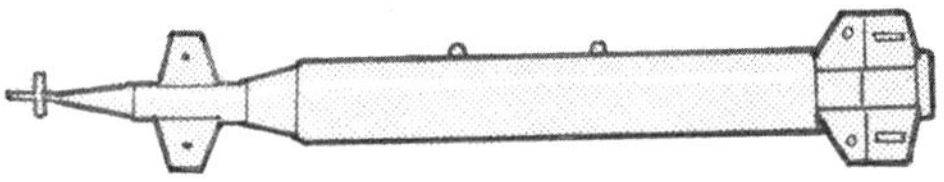

GBU-28レーザー誘導爆弾
（バンカーバスター）

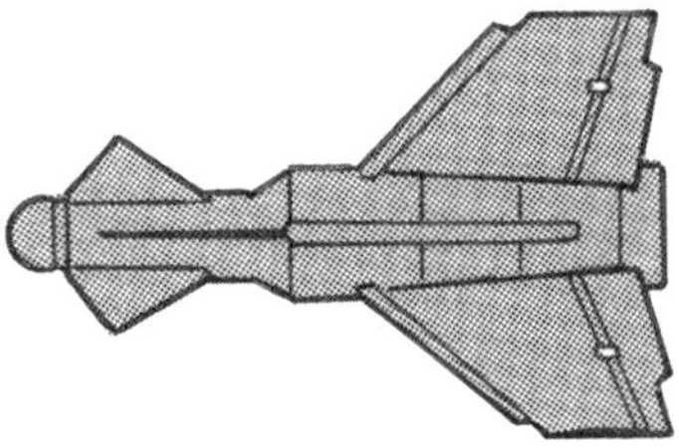

GBU-15レーザー
爆弾

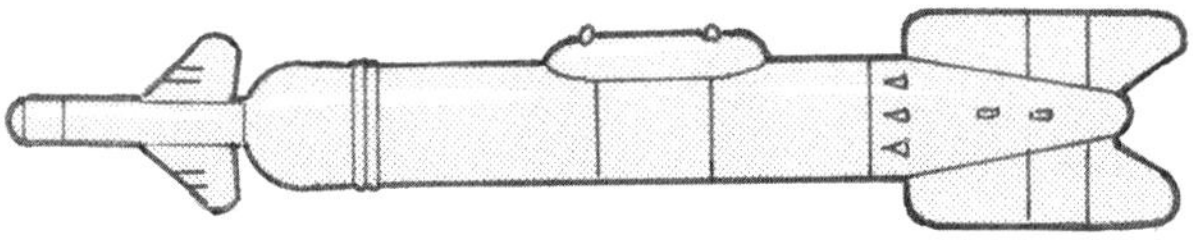

GBU-24レーザー爆弾

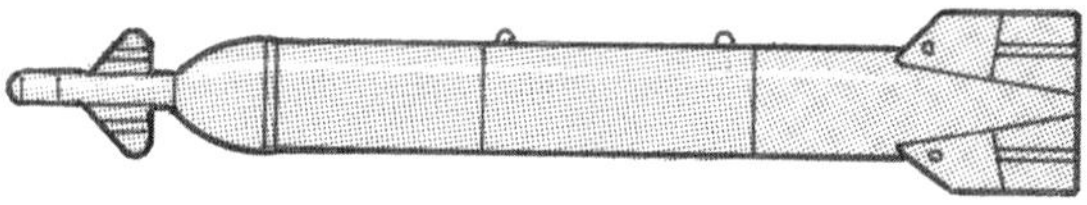

GBU-27レーザー爆弾

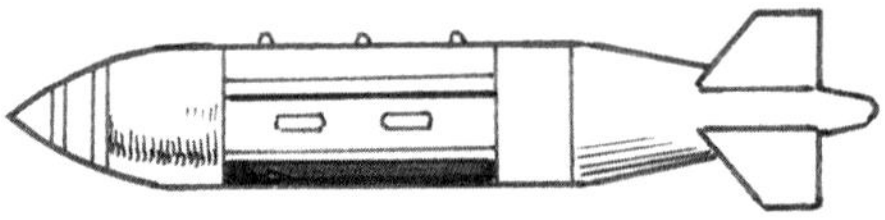

GBU-31GPSレーザー爆弾

これらのミサイルの貫通体《かんつうたい》にも劣化ウランが使われている疑いがある

攻撃機

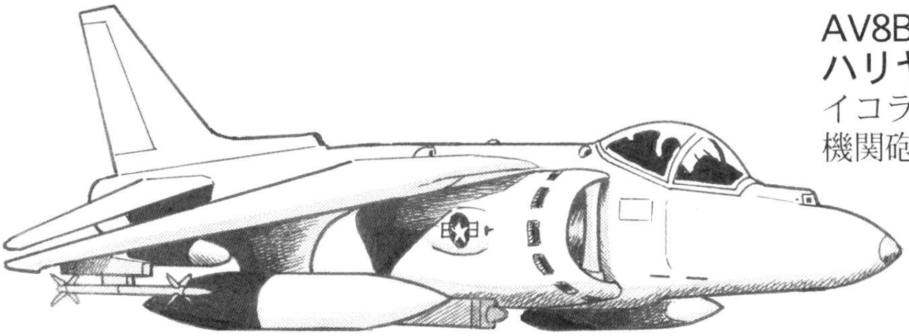

AV8B
ハリヤー攻撃機
イコライザー25mm
機関砲を搭載

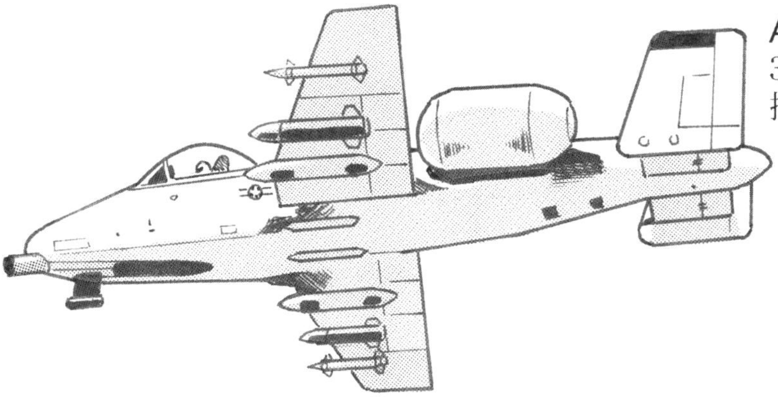

A-10サンダーボルト
30mmガトリング砲を
搭載

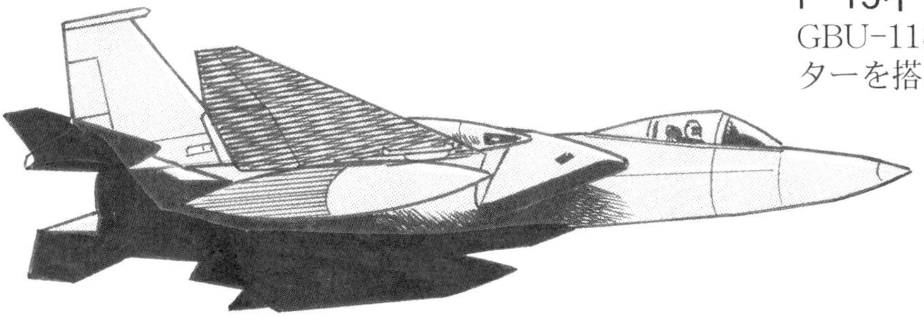

F-15イーグル
GBU-118バンカーバス
ターを搭載

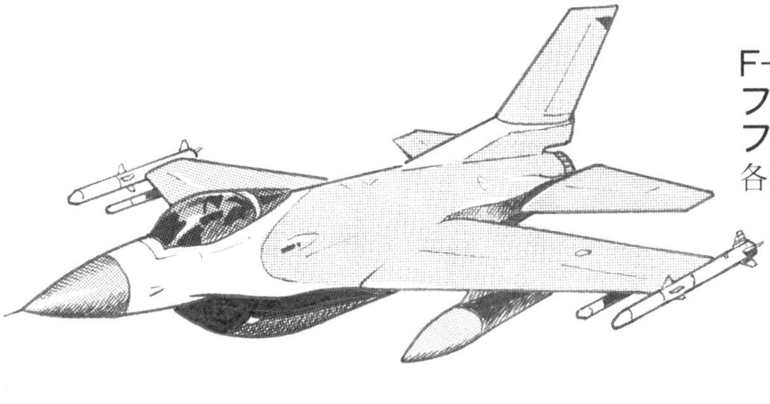

F-16C
ファイティング・
ファルコン
各種爆弾を搭載

爆撃機

ロッキードマーチン
F117Aナイトホーク
各種ミサイル・爆弾を
搭載
＊ステルス戦闘機

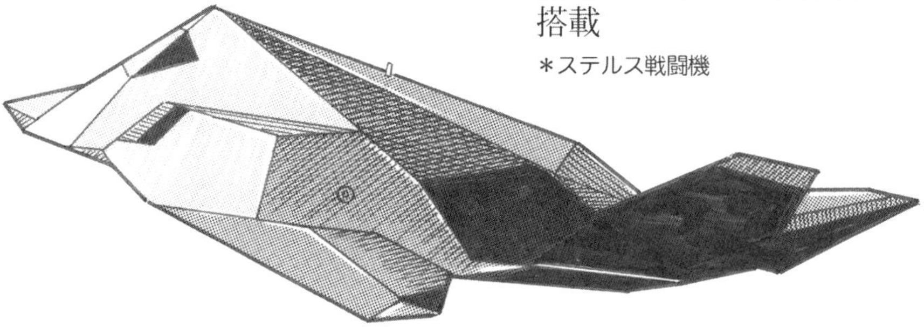

ボーイングB-52
ストラトフォートレス

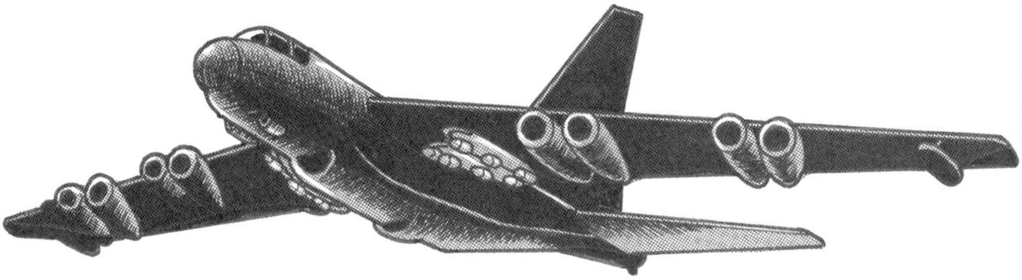

ボーイングB-1
ランサー

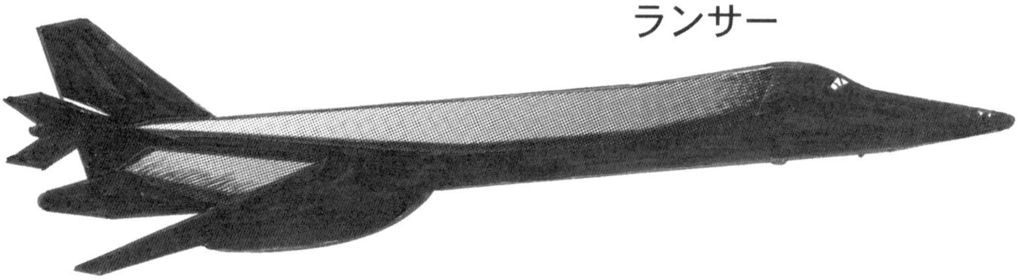

ノースロップ・グラマン
B-2スピリット
＊ステルス爆撃機

これらの飛行機から劣化ウラン爆弾、
劣化ウラン製のミサイルが投下される

＊「ステルス」とはレーダーには映らない飛行機。ステルスは「ゆうれい」の意味

第５章　劣化ウランってなに？

武器に使われることはわかったわ
でも、劣化ウランってなーに？
劣化《れっか》＊ってどういう意味なの？
＊74ページ参照
う～ん
それはちょっとムズカシイね
それは私がお答えしましょう
自然界にあるウランのことを**天然ウラン**といいます
ウランはウラニウムの略称です
天然ウランはウラン鉱山から掘り出されます。日本では人形峠(岡山県上斎原村)にウラン鉱山がありました
物理学者
新田　久幸

■天然ウラン

天然のウラン鉱石はセンウラン鉱、カルノー石などと呼ばれる。ウラン鉱石には99.3％のウラン238とウラン235（0.72％）、ごく微量のウラン234（0.0055％）が含まれている。このうちウラン235は、核分裂をする核兵器、原子力発電の核燃料に使われる

天然ウランの中で**核分裂を起こし、核兵器、原子力発電の燃料に使えるのは、ウラン235(U235)だけ**です。ウラン235とウラン238は中性子の数がちがうだけです

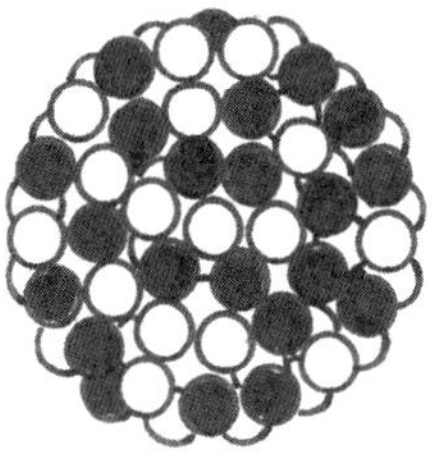

ウラン 235

陽子《ようし》○　92 個

中性子《ちゅうせいし》●　143 個

■同位《どうい》元素とは？

ウラン235とウラン238は陽子の数は同じでウラン238は中性子が3個多いだけです。これを同位元素(アイソトープ)と呼びます

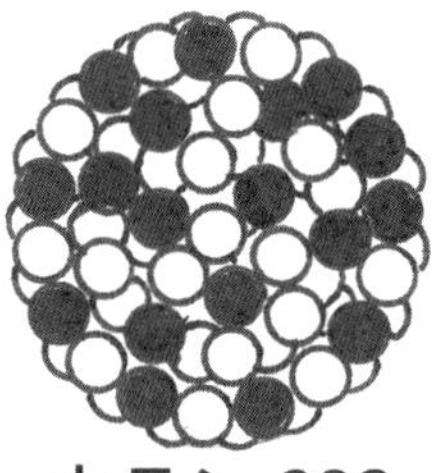

ウラン 238

陽　子○　92 個

中性子●　146 個

天然ウランのままでは原子力発電所の核燃料には使えません。核分裂を起こすには、ウラン235の割合いをふやす必要があります。これをウラン濃縮といいます。原子力発電の燃料用に加工されたものを濃縮ウランといいます

■濃縮ウランとは？

天然ウランの濃縮（28 ページ）は、濃縮工場で「遠心《えんしん》分離法」や「ガス拡散法」などによって行われます。こうしてできるのが「濃縮ウラン」でウラン 235 が 3 〜 5％の濃度になってます

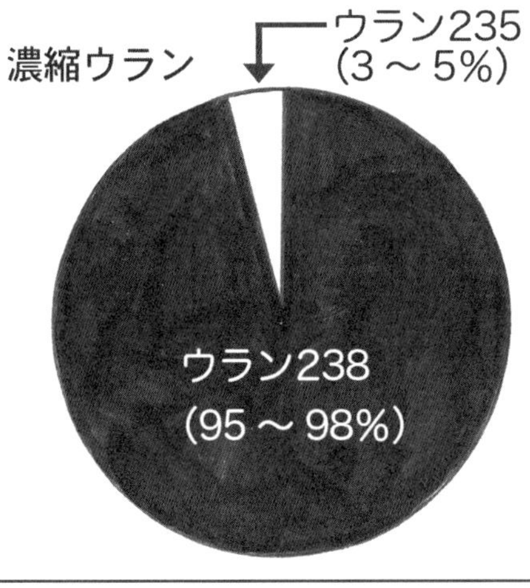

濃縮工場

放射性物質とは、α線、β線、γ線などの放射線を出す能力(放射能)をもった物質。放射線を出しながら別の物質に変化する。たとえば、ウランはさまざまな元素を経てやがて鉛(なまり)になる(29 ページ参照)

核分裂は巨大なエネルギーを出す

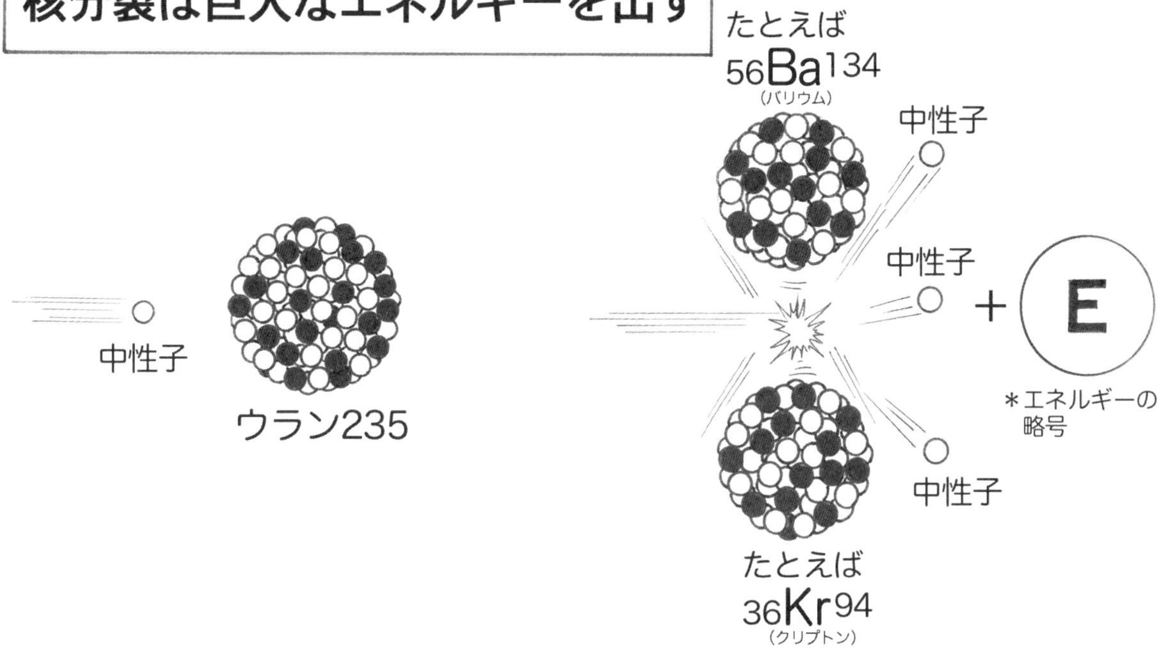
中性子
ウラン235
たとえば
56Ba134
(バリウム)
中性子
中性子
中性子
+ E
＊エネルギーの
略号
たとえば
36Kr94
(クリプトン)

核分裂を起こさせるためにウラン235に中性子１個をぶっつけます

中性子が衝突するとウラン235はバリウムとクリプトンなど2つ以上に分解し、中性子2〜3個を放出します
そのとき巨大なエネルギーが出ます
この核分裂の過程を原子炉の中で行うのが原子力発電です

＊バリウム、クリプトンのほか、ヨウ素131、ストロンチウム90、セシウム137、モリブデン95などに分解していきます

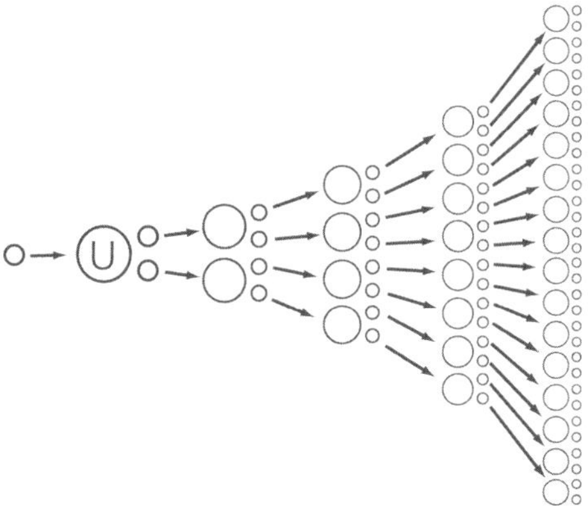
U

この反応は次々とくり返され、連鎖反応を起こします

この核分裂の過程はアインシュタインの原理にもとづきオットー・ハーンが発見しました
この巨大なエネルギーを利用したのが**原子爆弾**や**原子力発電**です

天然ウランから濃縮ウラン・劣化ウランへ

天然ウラン

↓

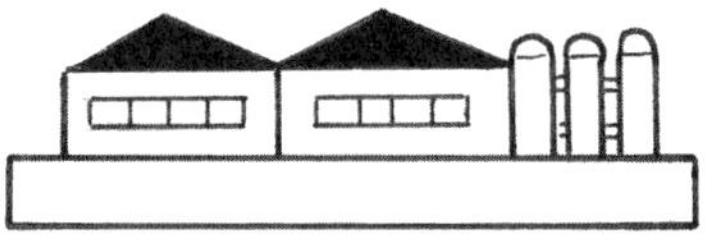

濃縮工場

↙ ↘

濃縮ウラン

↓ 核燃料として使用

原子力発電所

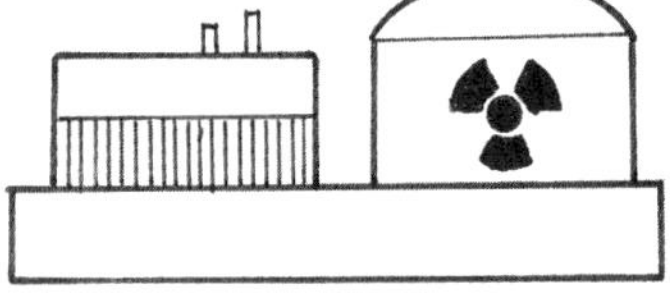

↓

使用済み核燃料
（減損《げんそん》ウラン）

↓

再処理工場

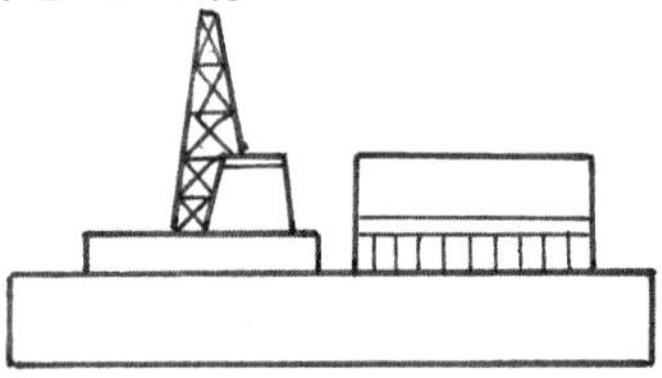

＊使用済み核燃料を再処理して核燃料になる回収ウランを取り出す

↓

回収ウラン＊
Recycled Uranium

劣化ウラン
Depleted Uranium

➔30 ページ以下参照

劣化ウランは、天然ウランを濃縮したあとのカス（ほとんどがウラン 238）です。それ自体では使いみちのない廃棄物です。価値がゼロか、保管にお金がかかるのでマイナスの財産、大きな重荷となります

■使用済み核燃料にはまだウラン 235 が残っているので、再処理工場に運ばれ、ふたたび濃縮すれば核燃料に作り変えることができます
■原子炉で核分裂したウランは高レベルの放射性廃棄物になります

＊高レベル放射性廃棄物が混ざった回収ウランが、劣化ウラン弾に混入して使用された

ウラン238は放射性崩壊をくり返す

ウラン238 ➡ α《アルファ》線

↓

ウラン234

↓

トリウム234

↓

トリウム230

↓

ラジウム226

↓

ラドン222

⋮

鉛206

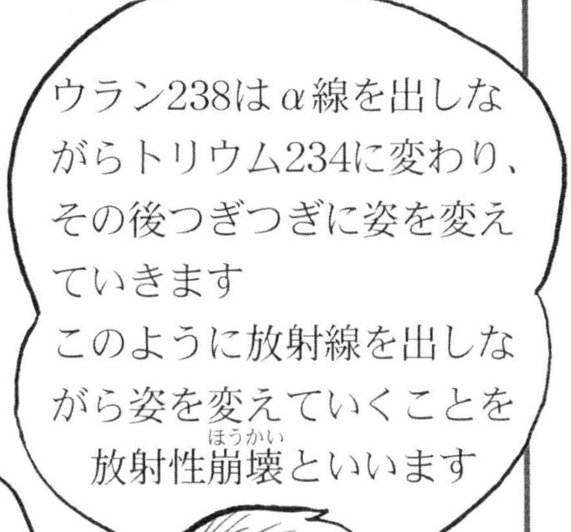

ウラン238はα線を出しながらトリウム234に変わり、その後つぎつぎに姿を変えていきます
このように放射線を出しながら姿を変えていくことを放射性崩壊《ほうかい》といいます

ウラン238は、とても長い時間をかけてつぎつぎと姿を変え、最後に鉛になってやっと安定します
ウラン238の半減期《はんげんき》*は約45億年。放射性崩壊の時間は地球の年齢よりも長いのです

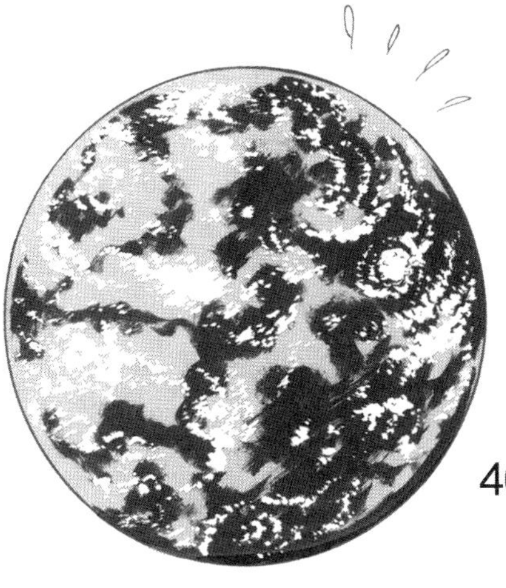
46億歳

＊半減期＝放射性物質が半分の量になる時間のこと。原子力発電所から出る放射能に汚染されたごみは、長い期間にわたり環境から隔離しなければならない

劣化ウランの使いみち①重りにする

劣化ウランって武器のほかに使いみちはないんですか？
身近なところではジャンボジェットなどの飛行機のカウンターウェイト（重り）に使われているよ。劣化ウランはとても重い（比重が高い）物質だからね
日本では、1995年までに、すべての航空機から劣化ウランは追放されています
乗務員や整備士の抗議で、同じく重い物質であるタングステンに交換されています
アメリカでは、使用済み核燃料の貯蔵容器に使う計画がある
あとはプルトニウム239（Pu）に変えて使うことくらいだね

劣化ウランの使いみち②プルトニウムを作る

●ウラン238に原子炉の中で中性子をぶっつけると… → プルトニウム239に変わる

ウラン238
プルトニウム239

プルトニウムは核兵器の材料になるほかに、濃縮ウランと混合して高速増殖炉《ぞうしょくろ》の燃料になります。また高速増殖炉では、ウラン238もいっしょに燃やされます

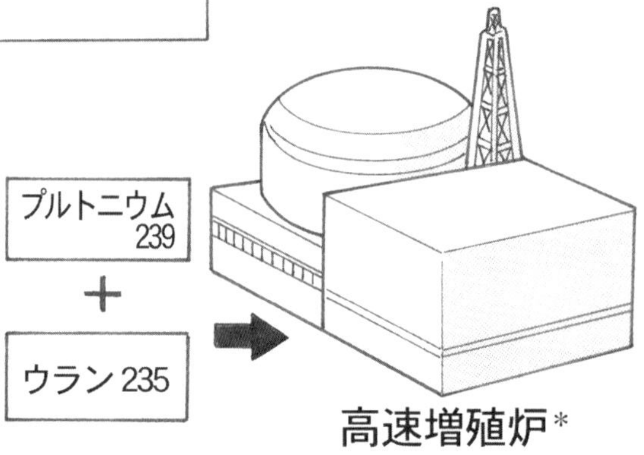

プルトニウム239
＋
ウラン235
高速増殖炉*

＊高速増殖炉とは、減速しない（高速の）中性子を核分裂とプルトニウム生成（増殖）の両方に使う目的で開発された原子炉

劣化ウランの使いみち③高速増殖炉の燃料になる

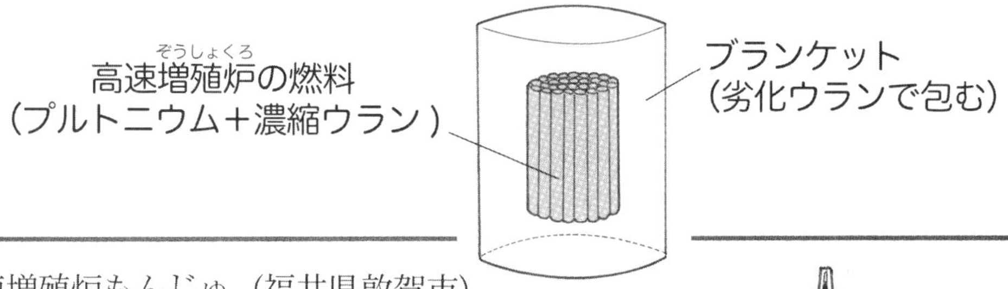
高速増殖炉《ぞうしょくろ》の燃料
（プルトニウム＋濃縮ウラン）
ブランケット
（劣化ウランで包む）

高速増殖炉もんじゅ（福井県敦賀市）は1995年12月8日、ナトリウム火災という大事故を起こしたうえ、事故かくしまで行ったので、事実上廃炉になっています
原子炉は止まっていますが、1994年4月から1995年12月までの間に生成されたプルトニウムがたまったままです

高速増殖炉もんじゅ

原子力発電所の使用済み燃料を再処理して取り出したプルトニウムはふえつづけ、困った電力会社や政府は、**プルトニウム**を**劣化ウラン**に混ぜて原子力発電所で燃やす**「プルサーマル計画」**を実行しようとしました

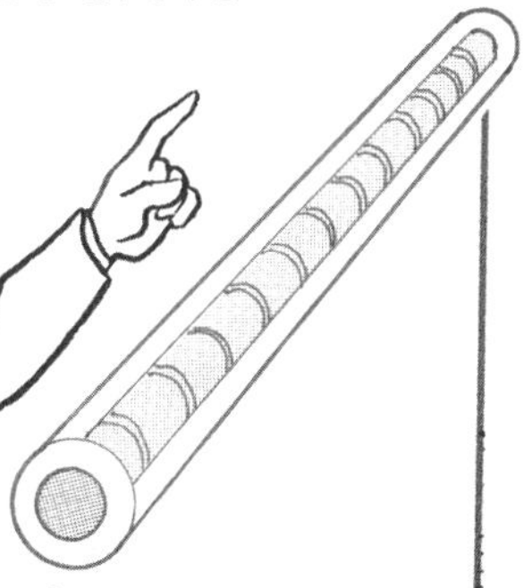
プルサーマル・ペレット

しかし「プルサーマル計画」は安全性が確認されていないので、住民の猛反対にあってストップしています
一般の原子力発電所はプルサーマルを行なうよう設計されていませんから、
①原子炉のブレーキである制御棒《せいぎょぼう》の効果が小さくなるから止めにくい
②きびしい環境になるため、燃料が破損しやすい
③燃料が融けやすい
④出力のバランスがくずれやすい
⑤事故の際、より多くのプルトニウムが放出される
このような問題があります

絶対反対
MOX NO!!
反対
反対
反対
反対するのもトーゼンよね！

劣化ウランの使いみち④武器に使ったあと…

原子力発電所の燃料（濃縮ウラン）を作る過程では劣化ウランが、発電のあとには回収ウランが発生します
原子力発電が運転されるかぎり劣化ウランは増え続けます
このように大量に発生し、処分に困る劣化ウランを一石二鳥で処分できる方法が**劣化ウラン弾**です

放射性廃棄物は専用の容器に入れられ、保管されることになる

■劣化ウランの特徴
- **比重が高くて重い！**
- **硬い！**
- **安い！**
- **でも危険がいっぱい！**

■たしかに天然ウランや劣化ウランは鉱石の形であるかぎりレベルの低い放射性物質です
■しかし、ウランは、重金属《じゅうきんぞく》毒性を持っています
■天然ウランが濃縮され、ウラン235の割合いが多くなった濃縮ウランは、核燃料や原子爆弾として使われます
■濃縮ウランを作ったあと、カスとして劣化ウランが残ります。劣化ウランの一部は金属に加工されます
■レベルの低い放射性物質であるウランの外部被曝《ひばく》（14ページ参照）は、あまり強力ではありませんが、**微粒子となって体内に入る内部被曝は、理論的には外部被曝の数千倍の危険がある**と考えられています

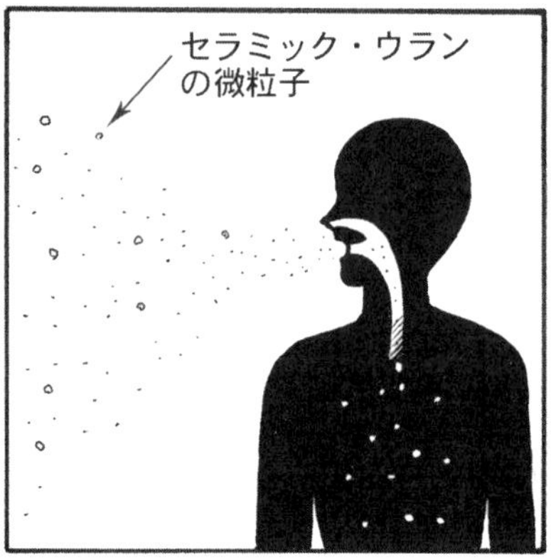
セラミック・ウラン
の微粒子

しかも、燃えて酸化ウラン、セラミック・ウランになった劣化ウランの危険性は格段に大きくなります＊
5ミクロン以下の粒子だと**半永久的に体外に出てきません**
半永久的に!!
セラミック・ウラン

＊74ページ参照

日本の責任ー劣化ウラン弾は日本製？

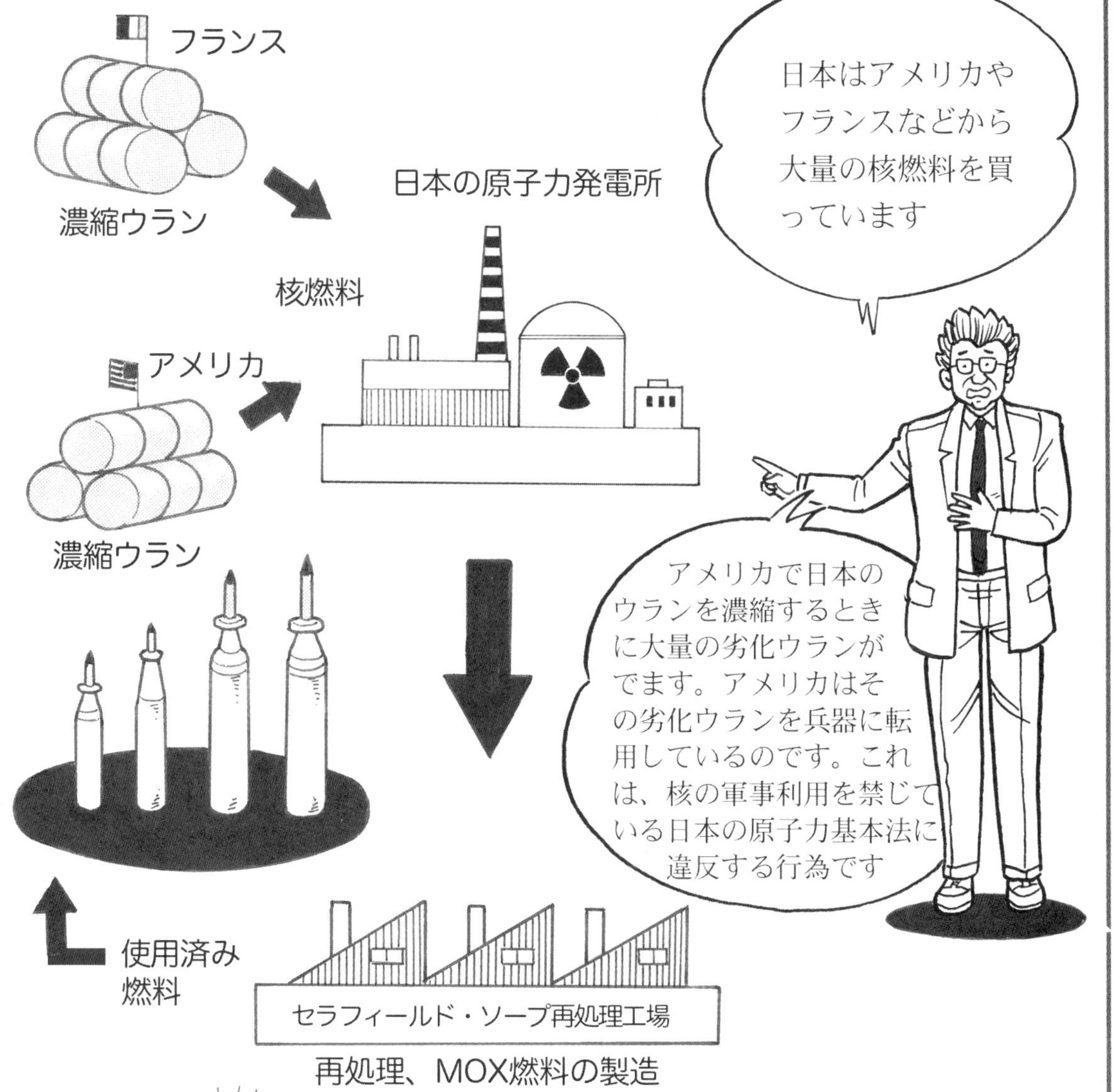
フランス
濃縮ウラン
日本の原子力発電所
核燃料
アメリカ
濃縮ウラン
日本はアメリカやフランスなどから大量の核燃料を買っています
アメリカで日本のウランを濃縮するときに大量の劣化ウランがでます。アメリカはその劣化ウランを兵器に転用しているのです。これは、核の軍事利用を禁じている日本の原子力基本法に違反する行為です
使用済み燃料
セラフィールド・ソープ再処理工場
再処理、MOX燃料の製造

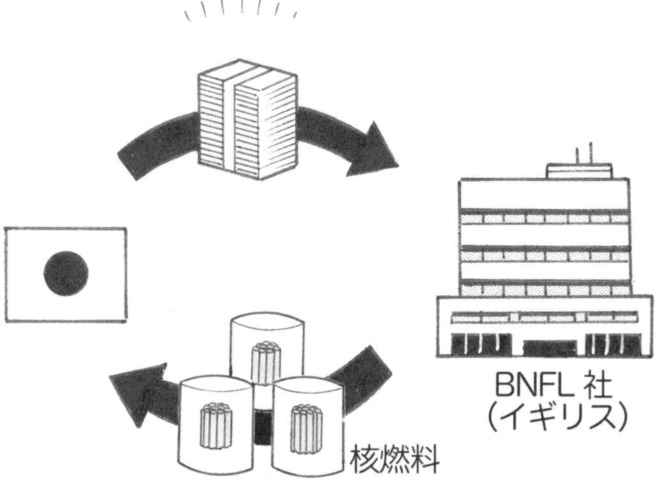
BNFL 社
(イギリス)
核燃料

日本はイギリスのBNFL社(英国核燃料会社)に使用済み核燃料の再処理(プルトニウムを取り出す)やMOX燃料*の製造委託をしています。そのため多額の出資をしています

また、BNFL社のスプリングフィールド工場では劣化ウラン弾を製造しています

＊MOX 燃料とは、プルトニウムとウランを混ぜた燃料(Mixed Oxide)で、プルサーマルや高速増殖炉(ぞうしょくろ)用燃料のこと

第6章　ウランのおそろしい物語

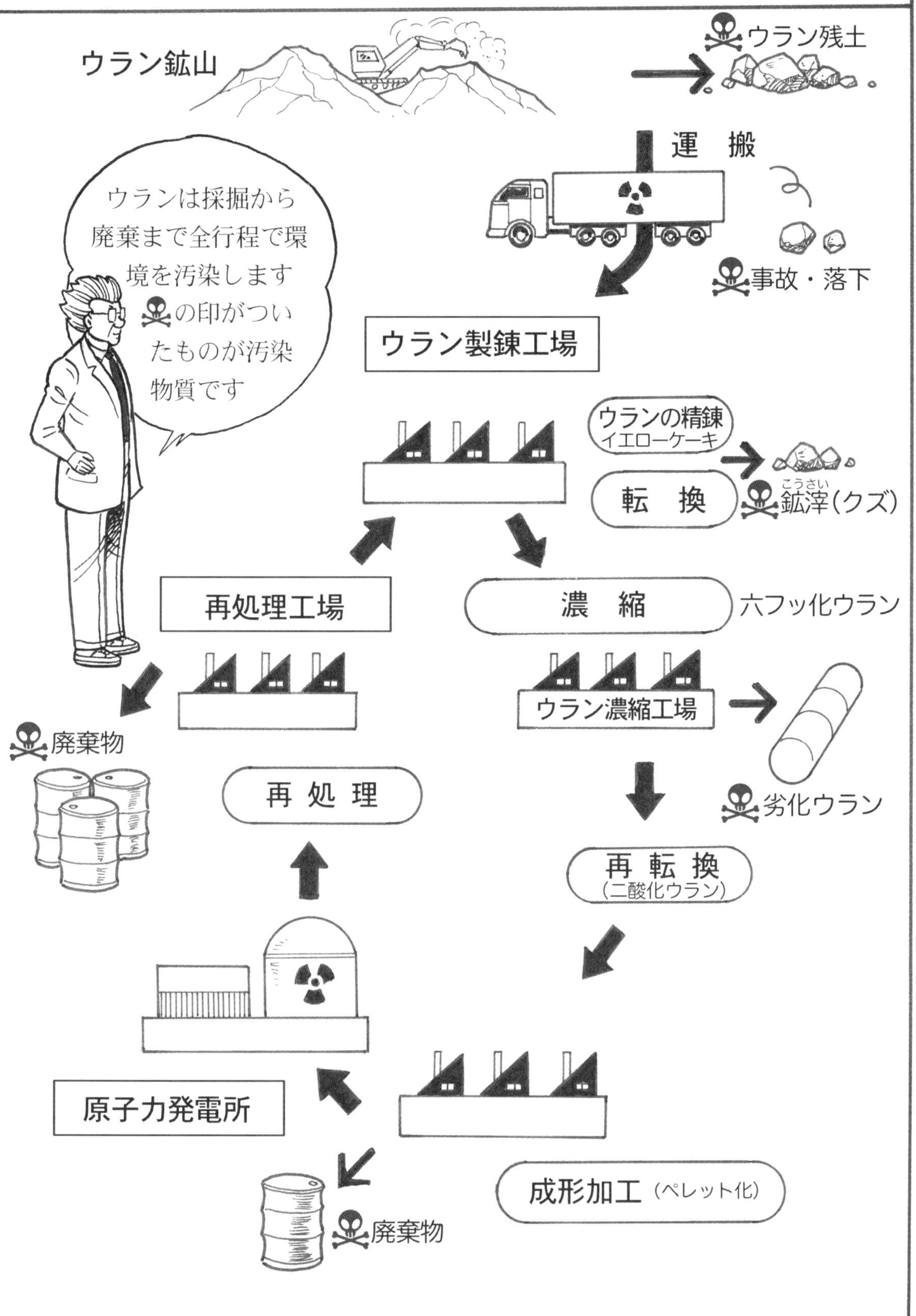

ウラン鉱山
ウラン残土
運　搬
事故・落下
ウランは採掘から廃棄まで全行程で環境を汚染します　の印がついたものが汚染物質です
ウラン製錬工場
ウランの精錬
イエローケーキ
転　換
鉱滓《こうさい》(クズ)
濃　縮
六フッ化ウラン
ウラン濃縮工場
劣化ウラン
再転換
(二酸化ウラン)
成形加工（ペレット化）
廃棄物
原子力発電所
再処理
再処理工場
廃棄物

ウランの悲劇①ーホピ族の予言
コロラド州
ユタ州
コロラド川
パウエル湖
ニューメキシコ州
ホピ族居留地
リトルコロラド川
アリゾナ州
ウラン鉱山は不毛の山地が多くて、そこは先住民族が追いこまれた土地でもあるんだ
たとえばアメリカ先住民族のホピ族の場合…
ホピ族って聞いたことあるわ ホピって平和って意味なんでしょ？

ホピ族の居留地にウラン鉱脈が発見されると、アメリカ政府と石油資本は採掘に反対するホピ族を無視して採掘を始めました
ここはわれわれの聖地だぞ！
勝手に掘るな！
許可証があるぞ！文句ならアメリカ政府に言うんだな

ホピ族には「白い人たちが大地を切り裂き、中の物を取り出し、見境もなく利用するとき、世界は亡びる」という伝説があります
ウランの採掘と核兵器のことを言っているのね！
ホピ族の伝説では、原爆投下や汽車や飛行機の出現も予言しているんだよ
予言を信じるホピ族はウラン採掘に反対しつづけましたが、アメリカ政府や鉱山会社の弾圧や迫害でしだいに追いつめられていきました
一方で居留地内に奇病が発生し、ホピ族や工事関係者の間に**白血病やガンが広がり人々が倒れはじめました**
これは予言の的中でした
ホピ族はこの問題を世界に訴え、日本映画人の手で「ホピの予言」(1986年)という映画が作られ、世界中で上映されています
ホピの予言

ウランの悲劇②ーニューメキシコ州でも
同じくアメリカのニューメキシコ州のニューチャーチでも先住民にウランの被害があった
アリゾナ州
ニューメキシコ州
リトルコロラド川
チャーチロック
メキシコ
テキサス州
プエルコ川にウラン残土が入って**自然界の1万倍もの放射能汚染**にみまわれたんだ
ウラン鉱山を経営するユナイテッド・ニュークリア(UN)社は周辺住民のことなど考えもせず、何度もウラン残土を川に流し、環境を汚染しつづけています
困るよ～、しょっ中汚染事故やっちゃ……
カンキョー団体がうるさいし
気をつけます善処します！
DANGER
Don't drink this river's water
UN社がやったのは川沿いに看板を立てることだけでした
先住民にとっては命にかかわる問題なのに……

ウランの悲劇③ーアボリジニの悲劇

アーネムランド
オーストラリアの北方、**アボリジニ**の居留地アーネムランドでウラン鉱脈が発見されました
オーストラリア政府は勝手に鉱山開発を始め、反対する先住民のアボリジニを弾圧しました
No!
No!
日本企業も鉱山開発に参加し、ウランは日本に輸出されています
For Japan
ウラン残土は放置され、雨風で広い地域が汚染されています
アボリジニの人々の健康が危険にさらされています
アメリカの先住民もオーストラリアの先住民もウラン鉱山があったばっかりにひどい目にあっているんですね！
そう、**ジェノサイド（民族抹殺《まっさつ》）**にあってるんだ
日本もそれに手をかしている！
日本国内でも人形峠のウラン残土が鳥取県側で汚染問題を起こしてるよ

ウラン加工の工程（核燃料を作る）での事故

■JCO事故

1999年9月30日、茨城県東海村JCO核燃料加工工場で臨界《りんかい》事故があり、急性放射線障害で２名が死亡、職員、消防署員、住民など多数が被曝《ひばく》しました

JCO工場は、ウランを加工して核燃料のもとになる二酸化ウランを作る工場でした（34ページ参照）

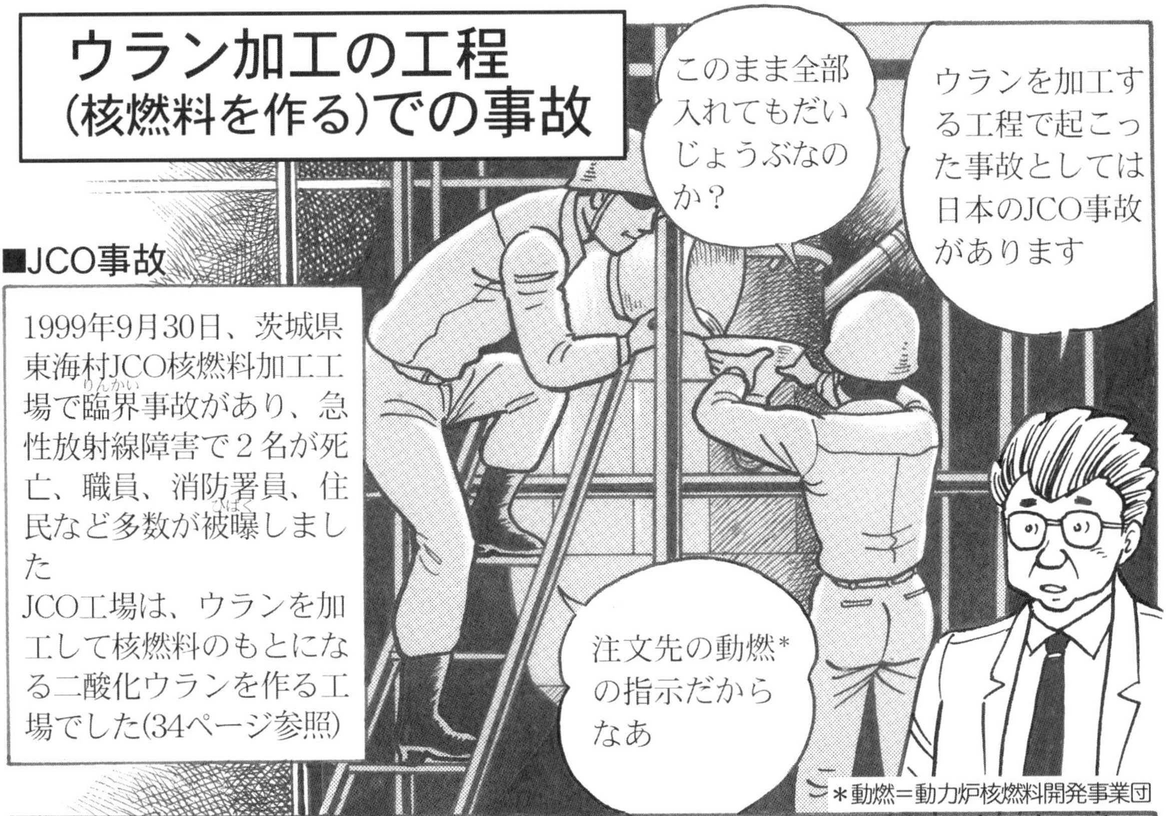

ウランを加工する工程で起こった事故としては日本のJCO事故があります
このまま全部入れてもだいじょうぶなのか？
注文先の動燃*の指示だからなあ

＊動燃＝動力炉核燃料開発事業団

ピカッ
!

どうした!?
ドサッ
青い光が……

所長
臨界事故
です！
リンカイ？
リンカイって？

ウランを扱う事業所の最高責任者である所長が臨界を知らなかったというオソマツ

１つの容器に限界を超えて濃縮ウラン溶液を入れてしまったのだ

臨界とは核分裂が連鎖的に起きる状態。臨界に達すると爆発（爆走）し、核分裂が止められなくなる

屋内退避
屋内退避
広報車
危険な状況はすでに脱しました
NEWS WIDE
住民たちに被曝《ひばく》をしいることになる「屋内退避」の命令が出され、科学的な根拠のない安全宣言が流されました
職員たちの無防備の決死の鎮静化作業がつづき、数百名が被曝しました
2003年3月には越島元JOC所長以下、幹部６人に事故の責任を認めた有罪判決が出たのね
でも、JCO事故のため被曝した人々のなかには、健康に大きな影響を受けた人もいる。その人々は保障さえ行われていないため、裁判に訴えるしかないんだ。事件の本当の原因、そして動燃や国の責任も問われていない
再処理工場で火災　停電で冷却装置が停止！重大事態発生！
再処理工場の事故としては、フランスのラ・アーグ事故(1980年4月15日)がありました
再処理工場で扱う使用済み核燃料は高レベルの放射性物質で、地球規模の放射能汚染を引き起こす危険があります

原子力発電の事故

■東電の事故

2002年8月、東京電力の社長・副社長が辞任した。翌2003年4月には東京電力のすべての原発が一時停止した
柏崎・刈羽
1 2 3 4 5 6 7
福島第一
福島第二
1 2 3 4
1 2 3 4 5 6
＝原子炉

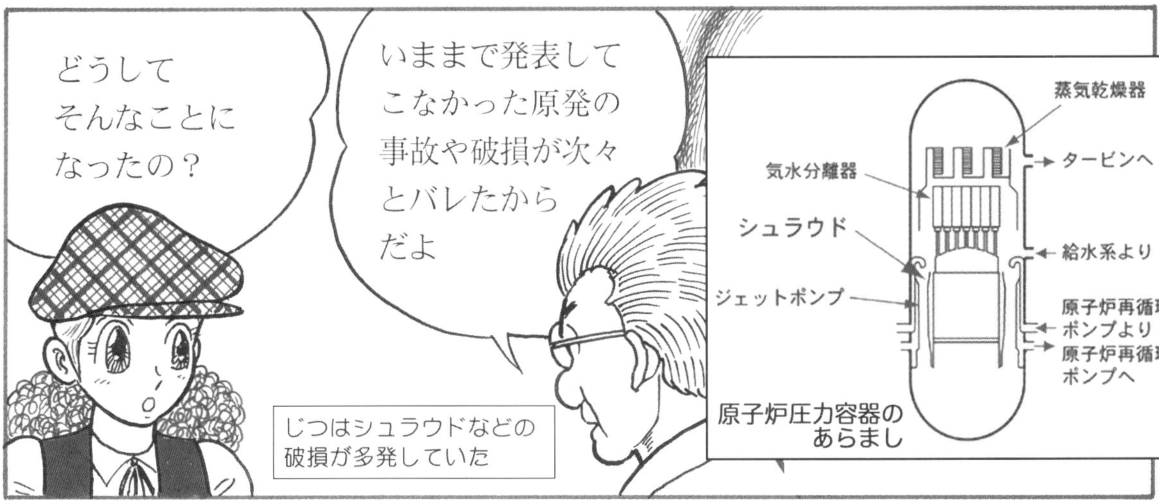

どうしてそんなことになったの？
いままで発表してこなかった原発の事故や破損が次々とバレたからだよ
じつはシュラウドなどの破損が多発していた
蒸気乾燥器
気水分離器
シュラウド
ジェットポンプ
タービンへ
給水系より
原子炉再循環ポンプより
原子炉再循環ポンプへ
原子炉圧力容器のあらまし

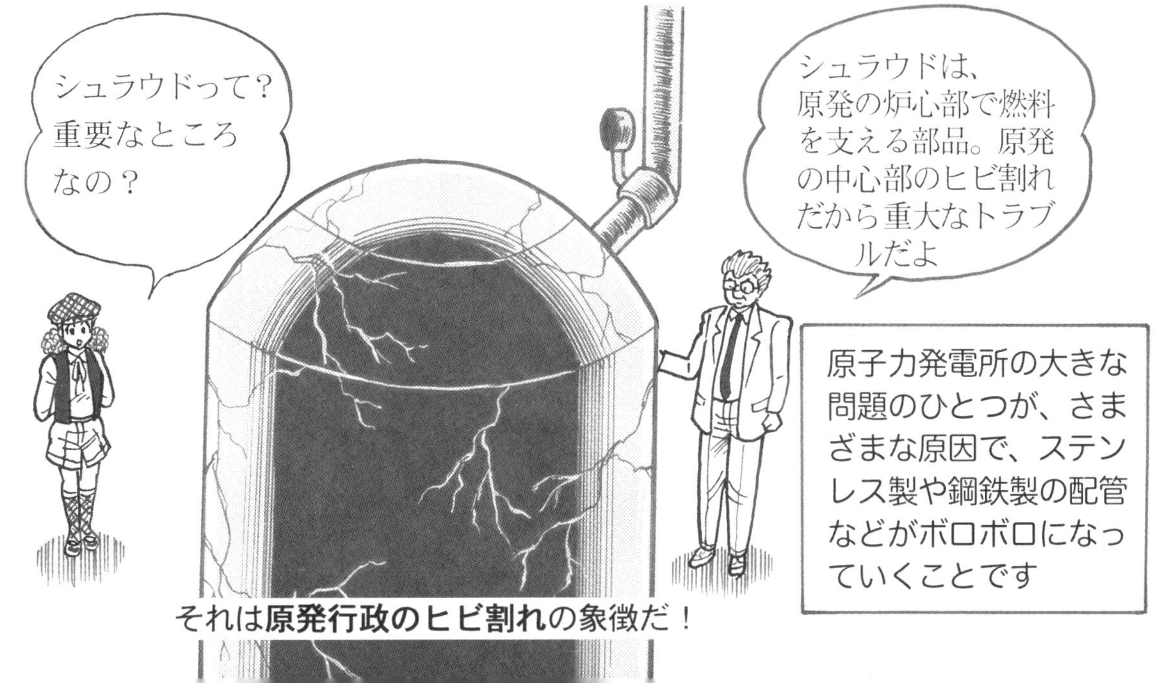

シュラウドって？重要なところなの？
シュラウドは、原発の炉心部で燃料を支える部品。原発の中心部のヒビ割れだから重大なトラブルだよ
原子力発電所の大きな問題のひとつが、さまざまな原因で、ステンレス製や鋼鉄製の配管などがボロボロになっていくことです
それは**原発行政のヒビ割れ**の象徴だ！

シンパイありません！　これでヒビ割れ対策は完ぺきです
絶対コワレマセーン
ワー
パチパチ
オー
そこに登場したのが最終兵器と言われたSUS316Lというステンレス材でした
このステンレスはさびません
SUS 316L
これで原子炉のオカマを作るとカンペキ!!　しかし、**ペキ…ペキ…ペキ…**
ピピ
蒸気もれ警報!!
しかし…
シュラウドと配管にヒビが……!!
そんなバカなSUS316Lだぞ!!
かくせ！
ゼッタイにもらすな！
バレたら原発もオレたちも**おしまいだ!!**
でも2000年のGE社*の技術者の内部告発でバレたのね
そうです福島・新潟両知事や地元の人々は事故かくしに怒って運転はストップ
ヒビ割れの原因もまだよくわからないのに、ヒビ割れが残っていてもかまわないと国のおすみ付きが出たために、原発はまた動きはじめている
こりないねェ

＊GE社＝ゼネラル・エレクトリック社。原発も製造する世界有数の大企業

■もんじゅの事故

1995年10月、名古屋高裁
もんじゅ建設差止め訴訟
充分な対策が採られ、大きな破断《はだん》はありえません
日本原研
斎藤伸三氏の証言
高速増殖炉《ぞうしょくろ》は使った以上のプルトニウムを生産する**夢の原子炉**と言われていました
世界各国で原子力発電所の重大事故が発生し、最後に残った切りフダが高速増殖炉「もんじゅ」でした
ナトリウム漏れ事故*はこの証言のたった2ヵ月後だったのね
日本の原発だけは安全なんて根拠のない神話だったのです
2003年1月「もんじゅ建設許可無効」の判決が下りました
「夢の原子炉」高速増殖炉は「悪夢の原子炉」として葬られるでしょう
建設許可無効判決!
＊炉心(ろしん)から熱を取り出す「冷却材」にナトリウムを使っていたもんじゅで1995年12月8日、そのナトリウムが配管から漏れるという事故が発生した。ナトリウムは空気中の酸素と反応して急激に燃えあがるため、火災事故となった。あわや大事故という寸前であった

■スリーマイル島(TMI)で大事故

1979年3月、アメリカのペンシルバニア州サスケハナ川沿いのスリーマイル島の原子力発電所で大事故があった

サスケハナ川
■スリーマイル島
ニューヨーク
ワシントン
ペンシルベニア州
ボルチモア

炉心《ろしん》温度
急上昇中！
原因不明
このままだと
メルトダウン*
だ！

＊メルトダウン＝炉心溶融（ろしんようゆう）事故。これが起こると炉心の燃料が溶けて圧力容器を溶かし燃料が外に流れ出す。その後、水素爆発や水蒸気爆発が起きると、大量の放射能が環境中に放出する

炉心の70%がとけ落ちた前代未聞の大事故なのに情報は米国民にはまったく隠されていました

多数の家畜が死亡、農家は大打撃を受けました。1200件の訴訟と2500万ドルの補償金が払われましたが、被害のほんの一部が補償されただけです。その後600件も被曝《ひばく》事故が報告されました

なんか
変だぞ
空気が
金属みた
いな味だ

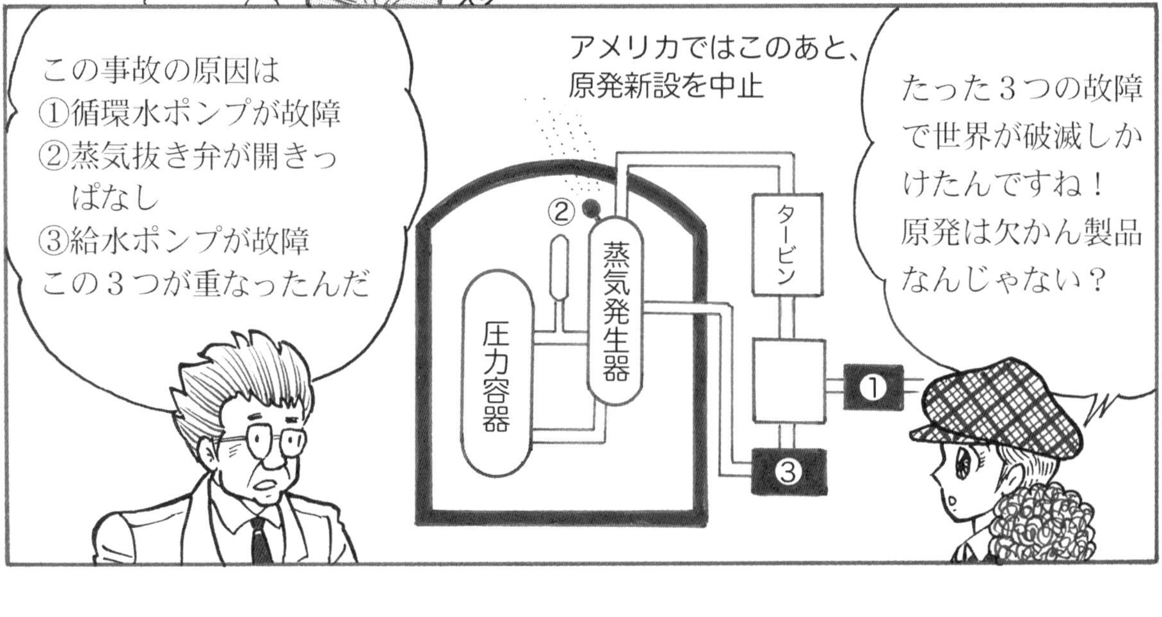

この事故の原因は
①循環水ポンプが故障
②蒸気抜き弁が開きっぱなし
③給水ポンプが故障
この３つが重なったんだ
アメリカではこのあと、
原発新設を中止
②
蒸気発生器
圧力容器
タービン
❶
❸
たった３つの故障で世界が破滅しかけたんですね！
原発は欠かん製品なんじゃない？

■チェルノブイリから放射能がやってきた

1986年4月、史上最大の原子力発電所事故が旧ソ連キエフ近郊、チェルノブイリで起きました
炉心は完全にメルトダウン、黒鉛火災が２週間以上続きました
地球規模の放射能汚染が起こりました
日本の農産物も590ベクレルの放射能汚染をうけたんですって
ドイツだったらこれだけ汚染された地域の収穫物は食べられないレベルの汚染だって聞いたけど！
直接の被害だけでも数十兆円、それ以上に人類への健康被害を考えると**天文学的被害**を与えたんだよ。いまでも多くの人が後遺症などで苦しんでいるんだ

■原発事故は世代を越えて人々を苦しめている

廃棄物による汚染

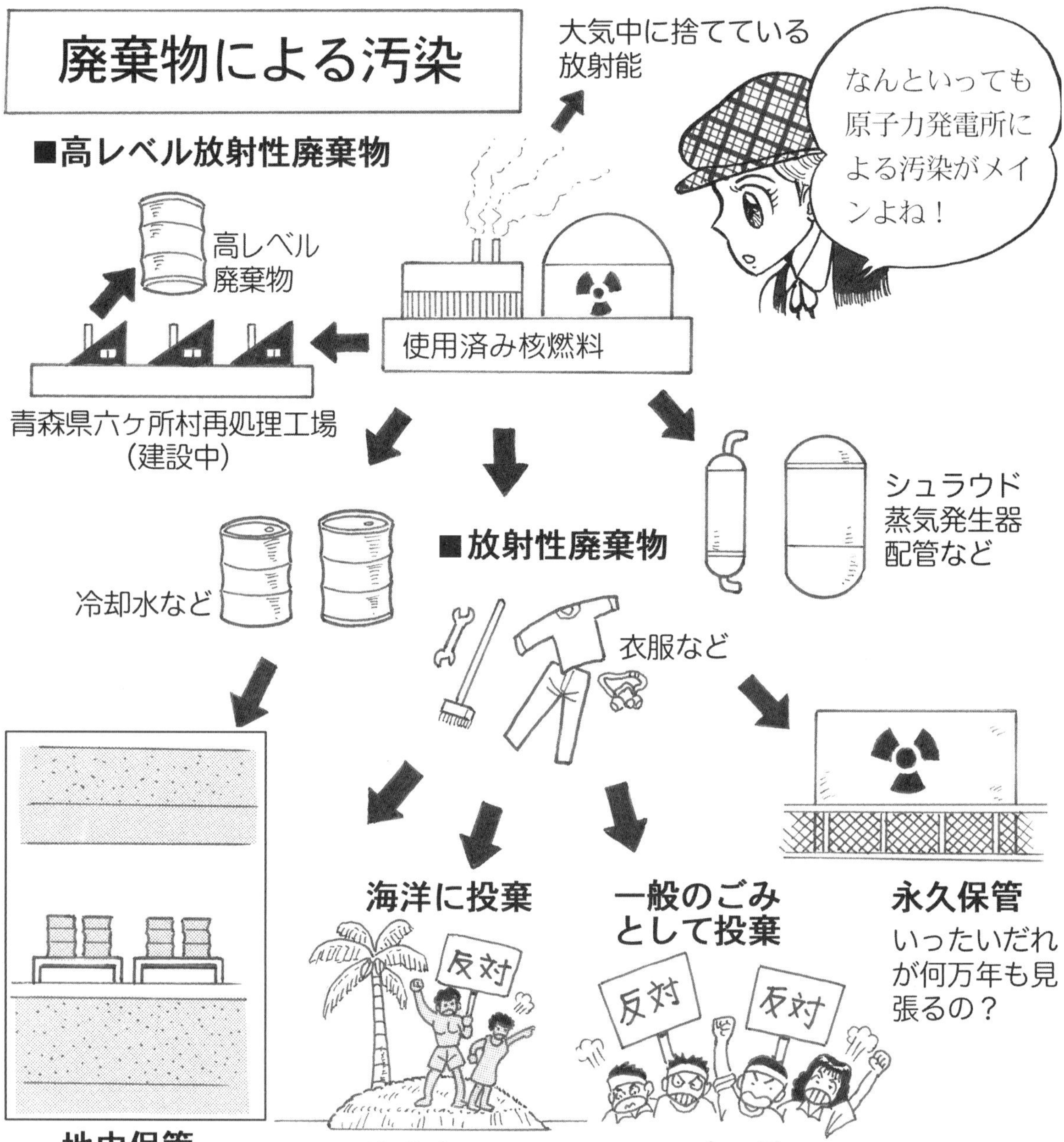

大気中に捨てている
放射能
なんといっても
原子力発電所に
よる汚染がメイ
ンよね！
■高レベル放射性廃棄物
高レベル
廃棄物
使用済み核燃料
青森県六ヶ所村再処理工場
（建設中）
シュラウド
蒸気発生器
配管など
■放射性廃棄物
冷却水など
衣服など
海洋に投棄
一般のごみ
として投棄
永久保管
いったいだれ
が何万年も見
張るの？
反対
反対
反対
地中保管
海洋諸国
市　民

ウラルの核事故

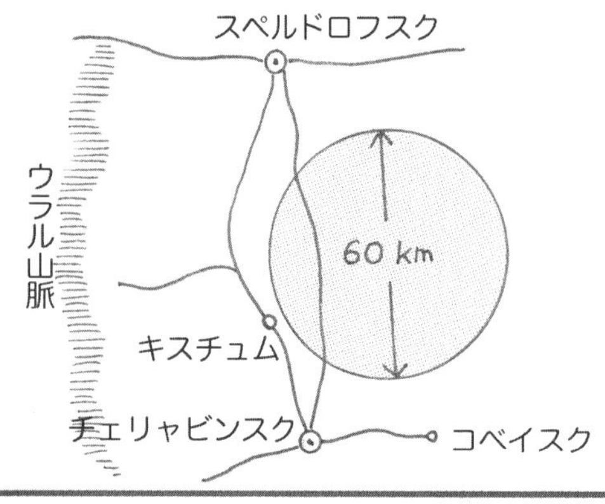

スペルドロフスク
ウラル山脈
60 km
キスチュム
チェリャビンスク
コペイスク

1957～58年、旧ソ連のキスチュム近辺で「ウラルの核事故」が起きました
キスチュムはいまだに立入禁止、数百人の死者が出たと言われています
事故の原因は高レベル放射性物質を地中投棄しつづけて、臨界《りんかい》になったという説が有力です

第7章　核兵器と原発のあやしい関係

原子力発電所は核兵器の材料であるプルトニウムを作る原子炉や原子力潜水艦の動力炉を転用したものです
原子炉の内部でウラン235が核分裂の際、巨大なエネルギーと熱が出ます。この廃熱を利用して熱水を作り、その蒸気で発電機のタービンを回すシステムです
暑いなぁ！この熱を何か利用できないか？
蒸気を作って発電でもしてみたらどうだい
発電機
ファン
原発の原理はふっとうした水蒸気でタービンを回し、発電機を動かすという原始的なものです
最初に原子炉が使われたのは原子力潜水艦でした
でも事故が続出
潜水艦用の原子炉（軽水《けいすい》炉）を陸に引き上げたのがアメリカの原発の始まりです
石油とウランでエネルギーメジャーへ一直線！
世界のウラン鉱山、ウラン関連産業を支配していたのはアメリカの石油資本でした
世界を支配するぞ！

核兵器はバンバン使えないから、ウランを掘っても売れないよね
このままじゃウランの採掘コストがかかりすぎる
しかし、彼らはウランの生産コストに不安をもっていました
コストを安定させないと核兵器用のプルトニウムも作れない！
よし！世界中に原発を売りつけよう！！
こうして「核の平和利用」の名の下に、世界中に原発がバラまかれることになりました
これで目をさませっ
キャンペーンの中心
中曽根康弘議員
1954年から始まった日本での〈夢のエネルギー原子力発電〉のキャンペーンも「平和利用」の大合唱でした
しかし、もともと核兵器の転用から生まれた原子力発電に「軍事・平和」の区別はありません
原発のバラまきは核兵器のバラまきになりました
それでも日本が核兵器をもたないできたのは、憲法9条の力でしょう
平和用
＝
軍事用

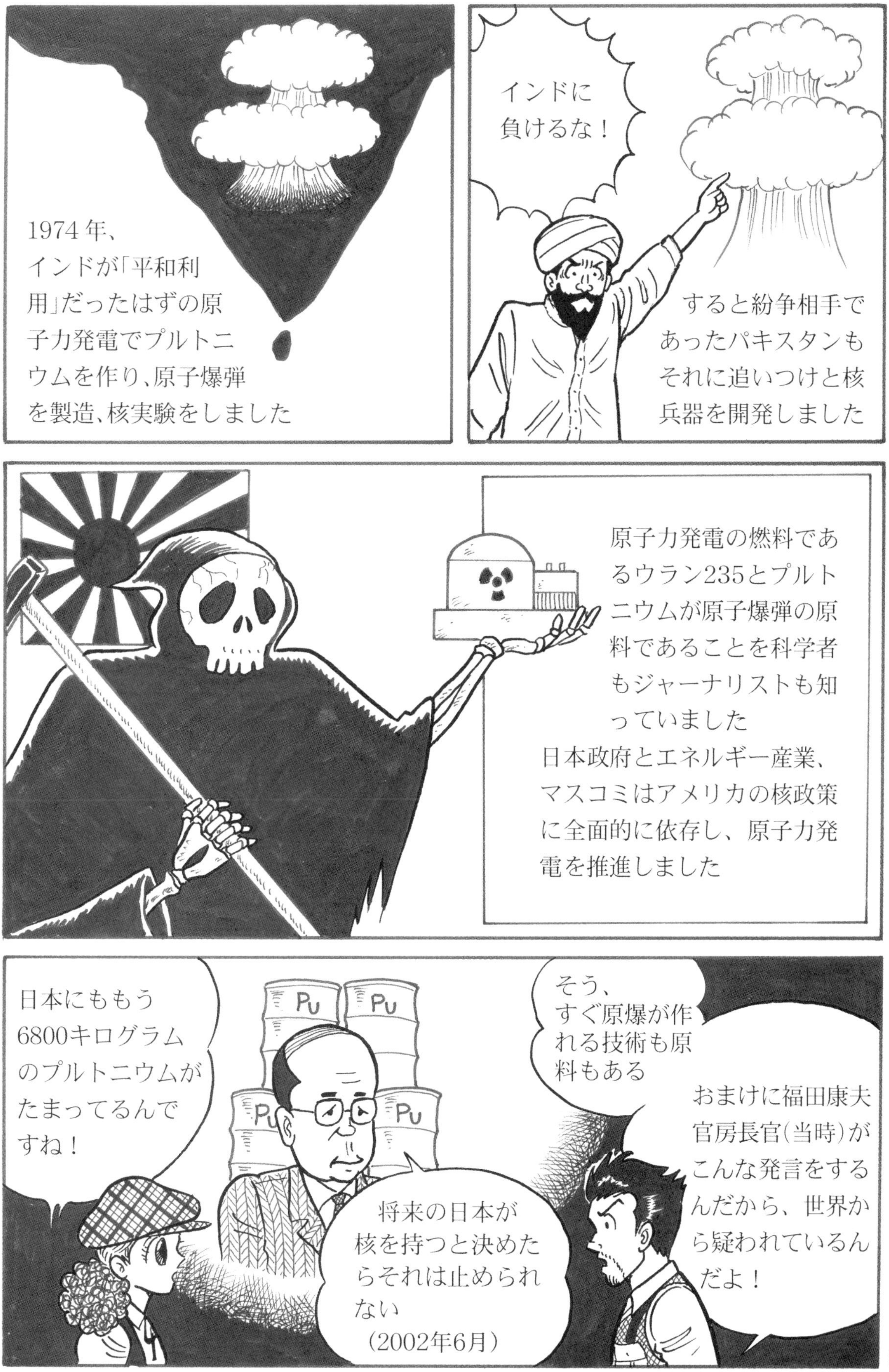
1974年、
インドが「平和利
用」だったはずの原
子力発電でプルトニ
ウムを作り、原子爆弾
を製造、核実験をしました
インドに
負けるな！
すると紛争相手で
あったパキスタンも
それに追いつけと核
兵器を開発しました
原子力発電の燃料で あるウラン235とプルト ニウムが原子爆弾の原 料であることを科学者 もジャーナリストも知 っていました
日本政府とエネルギー産業、 マスコミはアメリカの核政策 に全面的に依存し、原子力発 電を推進しました
日本にももう
6800キログラム
のプルトニウムが
たまってるんで
すね！
Pu
将来の日本が
核を持つと決めた
らそれは止められ
ない
（2002年6月）
そう、
すぐ原爆が作
れる技術も原
料もある
おまけに福田康夫
官房長官（当時）が
こんな発言をする
んだから、世界か
ら疑われているん
だよ！

第8章　劣化ウラン弾と戦争

1943年 マンハッタン委員会

ウラン兵器について秘密文書を作成

マンハッタン委員会は、核兵器を開発するため作られた米国内の委員会。マンハッタン委員会のなかに「S-1実施委員会」という部門があった。1943年10月30日付で責任者グローブス准将《じゅんしょう》にあてて作成されたメモ「放射性物質の兵器としての利用」によれば、「ウランの吸引によって、数時間から数日のうちに気管支に炎症が発生する」と書かれていた

1970年代 ウラン弾の生産開始

米国のスターメッツ社、テネシー社が劣化ウラン弾の生産を開始
アメリカ各地で実験・実弾演習
兵士も住民も情報知らされず
劣化ウラン弾は軍事機密だ

1980年代 反対運動へ

劣化ウラン弾の実験・演習場、工場の作業員、周辺住民などに放射能障害が出はじめる
各地で反対運動が起きはじめる

＊DU＝Depleted Uraniumの略。
NO DUは劣化ウラン弾反対のスローガン

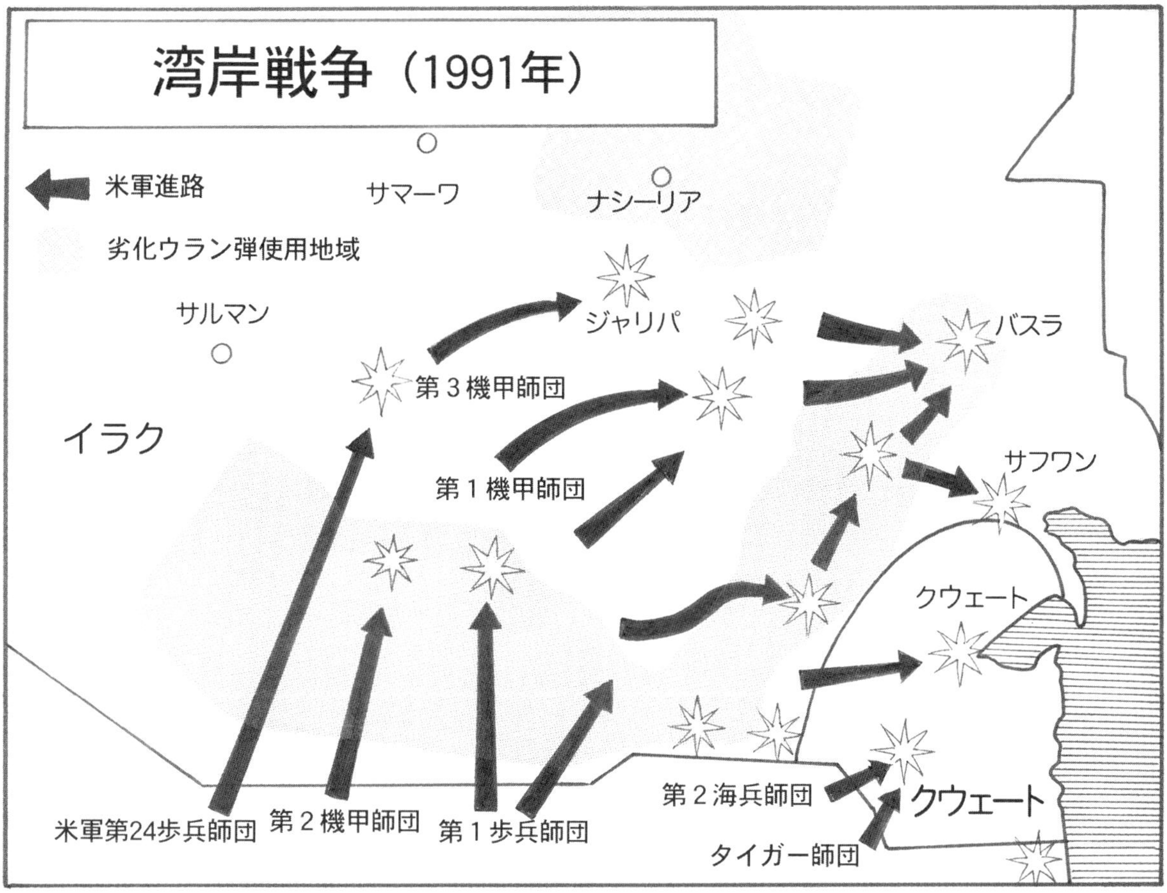
湾岸戦争（1991年）
米軍進路
劣化ウラン弾使用地域
サマーワ
ナシーリア
サルマン
ジャリパ
バスラ
第３機甲師団
イラク
第１機甲師団
サフワン
クウェート
第２海兵師団
クウェート
米軍第24歩兵師団
第２機甲師団
第１歩兵師団
タイガー師団

1991年1月、米軍を中心とした多国籍軍はクウェート国内に進攻したイラク軍とイラク国内を攻撃をしました。8万8500トンもの爆弾がイラク全土に落とされ、30万人ともいわれる死者が出ました。そのほとんどが一般市民、子どもたちでした
劣化ウラン弾の本格的なデビューですね
そう。でも戦争は多国籍軍の一方的な攻撃だった使われた爆弾のうち300トンが劣化ウラン弾だったと推定されている

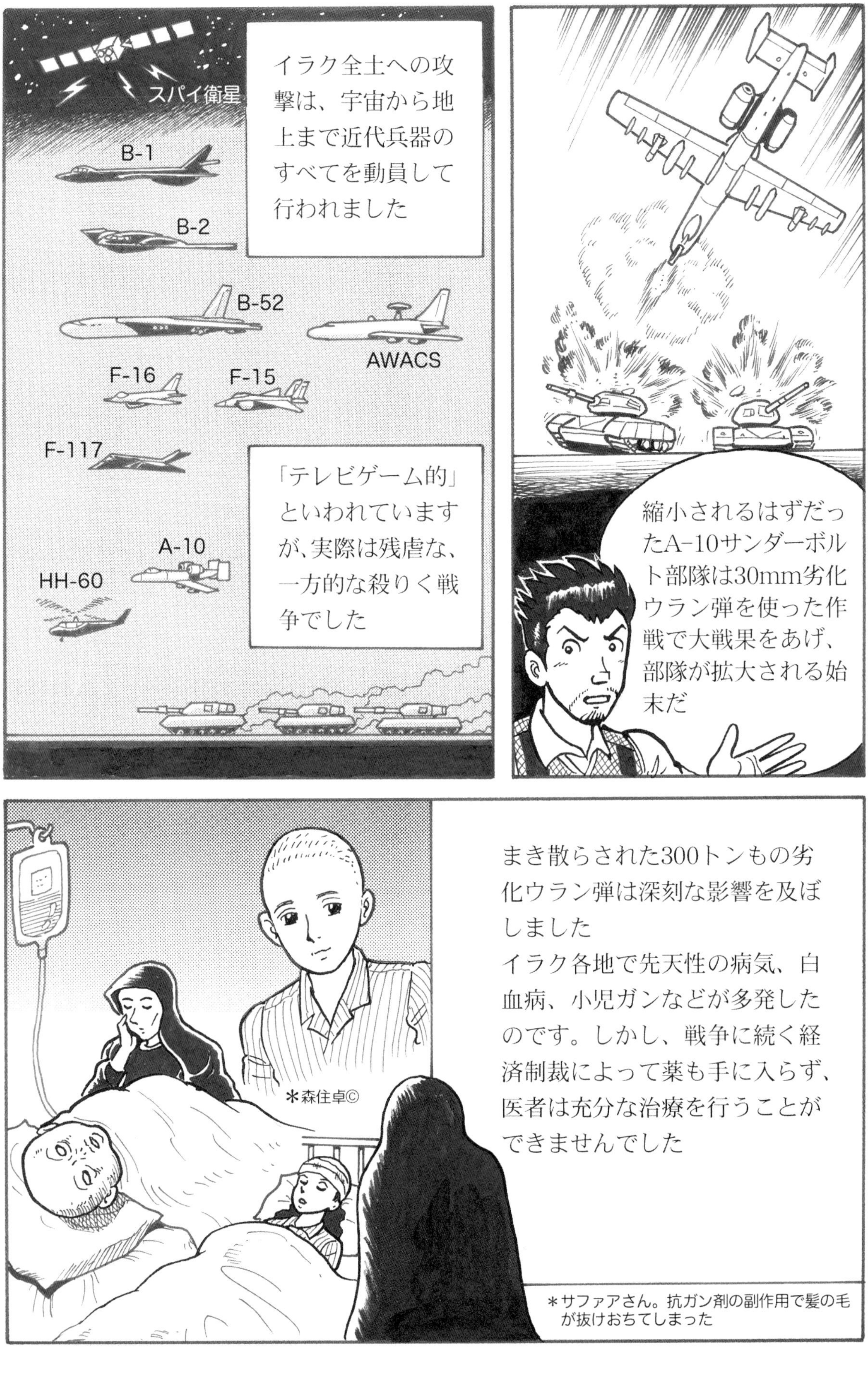
スパイ衛星
イラク全土への攻撃は、宇宙から地上まで近代兵器のすべてを動員して行われました
B-1
B-2
B-52
AWACS
F-16
F-15
F-117
A-10
HH-60
「テレビゲーム的」といわれていますが、実際は残虐な、一方的な殺りく戦争でした
縮小されるはずだったA−10サンダーボルト部隊は30mm劣化ウラン弾を使った作戦で大戦果をあげ、部隊が拡大される始末だ
まき散らされた300トンもの劣化ウラン弾は深刻な影響を及ぼしました
イラク各地で先天性の病気、白血病、小児ガンなどが多発したのです。しかし、戦争に続く経済制裁によって薬も手に入らず、医者は充分な治療を行うことができませんでした
＊森住卓©
＊サファアさん。抗ガン剤の副作用で髪の毛が抜けおちてしまった

湾岸戦争症候群
カミール・デイビス（従軍したレントゲン技師）劣化ウラン弾で破壊されたイラク軍戦車と記念写真を撮影する者は多かった
湾岸戦争（第１次イラク戦争とも呼びます）にはのべ70万人の米軍兵士が参加したんだ
戦場から帰還してきた兵士たちは、すぐにさまざまな病状を訴え出したんだ
感情が消えてしまった
家族を愛せない
家族への暴力がやめられないんだ!!
涙が止められない
これらの症状は「湾岸戦争症候群《シンドローム》」と呼ばれ、イギリス軍の兵士の間にも出現しました
まあ、いわゆる精神的ストレスによるPTSD(外傷後ストレス性障害)です 問題ない。問題ない
1997年に出された「諮問委員会報告」も兵士たちが訴える症状をPTSDをはじめとする精神疾患《しっかん》がおもな原因であると決めつけました
The last Report

しかし、その後帰還した兵士の間に先天性の病気をもつ子どもたちが産まれはじめました
心因性で先天性の病気になるのか!!
1991年の戦争の影響がやっと問題にされるようになったんですね
帰還兵士たちの間で白血病やガンがふえました
劣化ウラン弾は安全です。先天性疾患《しっかん》はイラク軍の化学兵器が原因と考えられます
政府は必死の防戦
その一方で、帰還兵士たちの検査データやカルテの大規模な抹殺《まっさつ》を行いました
私たち降下部隊はせん滅した敵軍を調査していたんだ
そのとき、軍からは**劣化ウラン弾のことなんかなにも聞かされなかった**
戦後いろんな病状が出たんで検査を受けると放射能検査で陽性と判定されたんだ!!
だけど……
やつらはそのカルテをなくしてしまった
軍や退役軍人病院じゃこんなことはしょっ中だ!
やつらは記録紛失のプロだよ!
元従軍兵士
ダレル・クラーク

元従軍兵士
ドゥウェーン・マウラー
進軍中、劣化ウラン弾を積んだトラックが爆発した
すごい爆発だった
だけどすぐ「安全だ」という情報が入ってホッとしたんだ
ところがいま、48人いた私の小隊全員がガンや免疫《めんえき》不全、原因不明の発疹《はっしん》などに苦しめられているんだ！

ダグラス・ロッキー元少佐は「戦争のできる時代はもう終わった」と主張します
劣化ウラン弾は敵も味方も殺してしまうのです
元従軍少佐
ダグラス・ロッキー
劣化ウラン弾を調査した私のチーム全員がなんらかの病気に苦しめられています
私の尿中のウラン排出量は危険量（15マイクログラム*）の100倍！ 1500マイクログラムです
要入院（250マイクログラム）
15
250
500
1000
1500
（マイクログラム/ℓ）
しかし、政府は自国の兵士と自国の国民も守らないのです
この状況への唯一の回答は戦争をなくすことだけです
元少佐は正体不明の集団から常に脅迫されてます

＊尿１リットルあたり

ボスニア・コソボ爆撃
(1992～95年)　(1999年)

NATO*軍は旧ユーゴのボスニア(1995年)、コソボ(1999年)を爆撃しました
ハンガリー
スロベニア
ルーマニア
クロアチア
ボスニア
旧ユーゴ
セルビア
イタリア
アドリア海
モンテネグロ
コソボ
ブルガリア
アルバニア
マケドニア
テロリスト
ジェノサイド
ムスリム
クロアチア人
セルビア人

ボスニア紛争：旧ユーゴスラビア連邦人民共和国は、もともと6つの共和国と2つの自治州からなる連邦国家で、30余の民族、カトリック教徒、セルビア正教徒、イスラム教徒と多様だったチトー大統領のもとでまとまっていたが、彼の死後、民族主義の動きが活発になり、激しい内戦が起きた
1992年、スロベニア、クロアチア、ボスニアが独立するが、セルビア共和国との紛争が拡大し、1995年には、米国が　ボスニア紛争に本格介入する

コソボ紛争：1998年以降、コソボ自治州でもセルビア共和国からの分離独立を求めるアルバニア系住民の動きが激しくなり、セルビア系住民との対立が激化した
1999年、NATO軍はこの紛争に介入して、セルビア共和国への空爆をくり広げた。コソボは現在、国連管理下の暫定《ざんてい》自治政府が機能している

旧ユーゴ軍の武器をひきついだセルビア人の武装力が高かったことも反セルビア勢力への同情をさそいました。しかし、アメリカ軍を中心にしたNATO軍の武力はケタちがいです
30mm劣化ウラン弾3万1000発使用
ボスニアでは1万800発の30mm劣化ウラン弾が、コソボでは30mm劣化ウラン弾約3万1500発が使われました
このあと「バルカン症候群」*が現れるのね
＊76ページ参照

＊北大西洋条約機構

アフガニスタン戦争（2001年〜）
このへんの出来事はきみたちもよく知っているね
まだ、アメリカ軍の攻撃が続いているよ
2001年、9・11テロ事件が起こるとアメリカ政府はアルカイダの犯行と断定、ウサマ・ビンラディンをかくまうアフガニスタン政権への攻撃を決めます
2001年10月7日、アメリカ軍による「不朽《ふきゅう》の自由作戦」が開始されました
アメリカは旧ソ連も手こずった山岳地帯の洞窟《どうくつ》を破壊するために、劣化ウラン製のミサイルや砲弾を使用しました
アフガン全土を汚染した劣化ウランは、推定600〜1000トンとされています
カンダハルなどタリバンの拠点都市にも直接、劣化ウラン弾が使用されました
地域住民の尿中のウラン検査ではジャララバードで45倍、カブールで200倍もの汚染が検出されました

アフガニスタンは兵器の実験場

アメリカはアフガニスタンを兵器の実験場とし、非人道的な大量殺りく兵器を使用しています

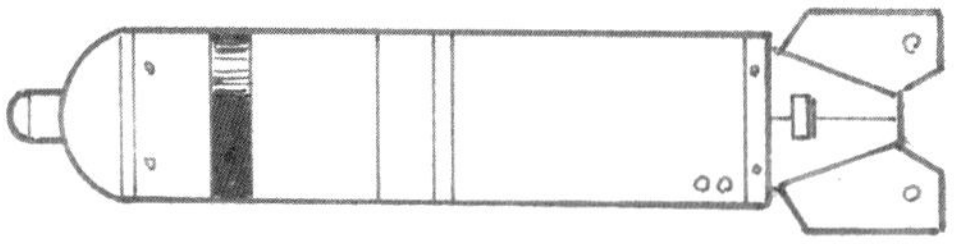

CBU-89/B　クラスター爆弾
不発の子爆弾が子どもたちを殺傷します

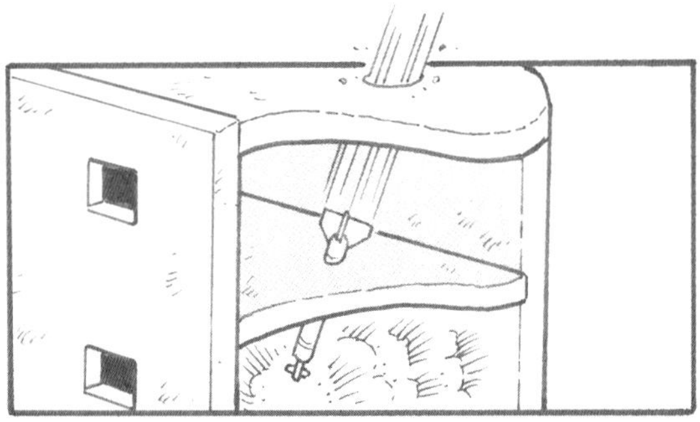

■バンカーバスター*は地下壕も破壊します
*バンカーは地下壕の意味。それを貫通するほど強力なミサイルという意味で名づけられた

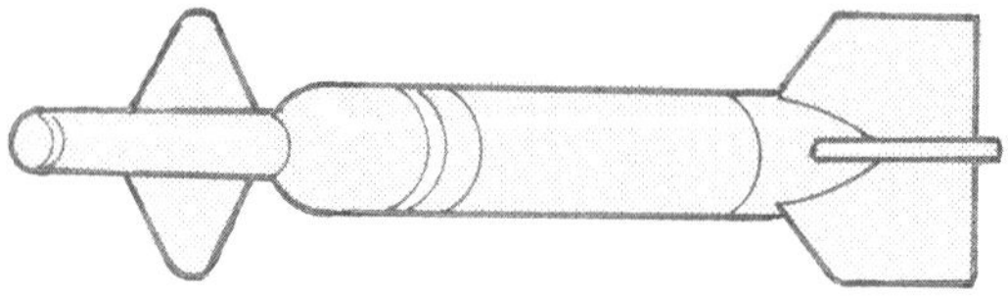

BLU-28　バンカーバスター
貫通体に劣化ウランを使用

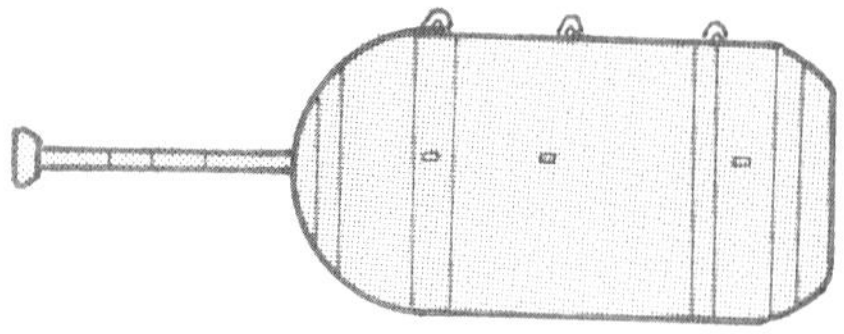

BLU-82　スラリー爆弾
（デイジーカッター）

*サーモバリック爆弾は、スラリー爆弾を小型化したもの

■スラリー爆弾の威力
① 爆風で圧死させ
② 燃焼で焼き殺し
③ 酸欠で窒息死させる
核兵器なみの殺人兵器

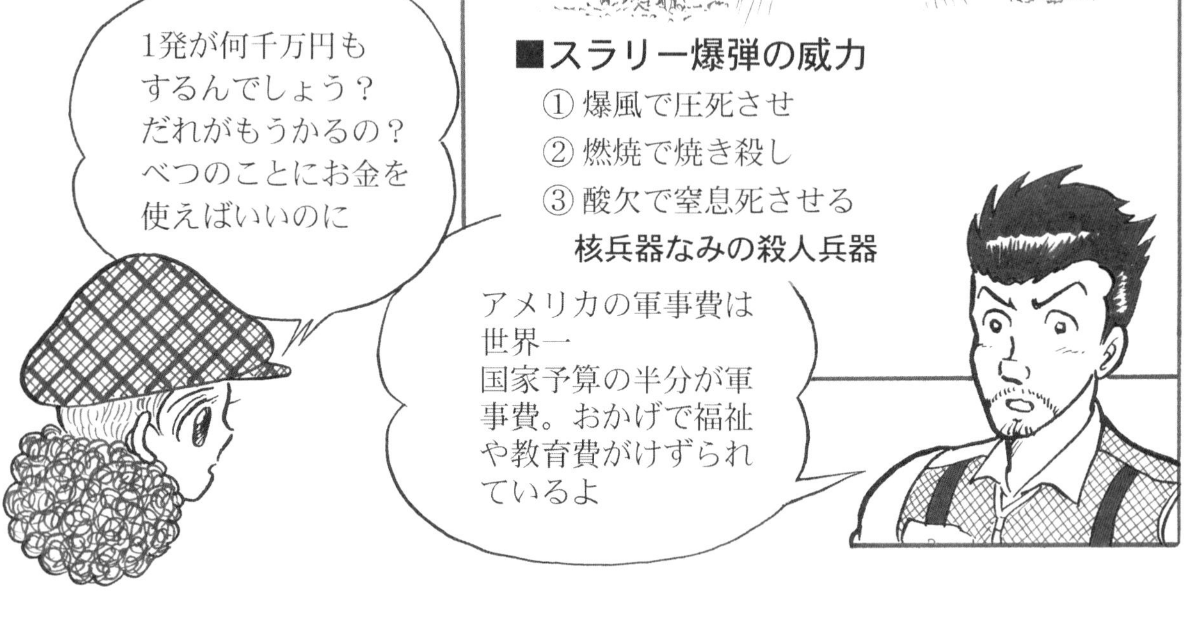
1発が何千万円もするんでしょう？だれがもうかるの？べつのことにお金を使えばいいのに
アメリカの軍事費は世界一
国家予算の半分が軍事費。おかげで福祉や教育費がけずられているよ

イラク戦争（2003年～　）

イラクの自由
作戦！！

2003年3月、「イラクは大量破壊兵器をもち、世界に脅威を与えている」として米英軍はイラクへの侵略戦争を始めました

バグダッドには連日連夜、猛爆撃がくり返され、市内各所がガレキの山となりました

ガレキの下には多数の市民が埋まり、子どもの死体も目立ちます

アフガニスタンで使われた兵器も総動員され、**市内には劣化ウラン弾が散乱**しています

病院には負傷者があふれ、医師・看護スタッフの必死の手当ての甲斐《かい》もなく多くの人々が死んでいきます
白血病で死んでいく子どももたくさんいます 母親はなすすべもなく見守るだけ
市内に放置された戦車の穴。劣化ウラン弾に撃ち抜かれた穴にガイガーカウンター（放射能測定）装置を向けると、針は大きく振れます
SONICS
ガン、腫瘍《しゅよう》、免疫不全《めんえきふぜん》で若くして死んでいく人たちがあとをたちません
結局、大量破壊兵器は見つかりませんでしたね
フセイン大統領はつかまったけど(2003年12月)、占領軍に対する抵抗ははげしくなる一方だ 完全にドロ沼状態だ

ソマリアで(1993〜95年)

1993〜95年、アフリカの角《つの》といわれるソマリアで国連PKF*に従事中の米軍が民兵の猛攻にあい、それをきっかけに、米軍の攻撃が行われました。その後、米軍が劣化ウラン弾を使用したと指摘されています

ソマリア
エチオピア

＊国連PKF＝ピース・キーピング・フォーシーズ。国連平和維持軍

ガザ地区で(2000年)

2000年12月、パレスチナ自治政府のサフィア外相が、イスラエル軍が劣化ウラン製のミサイルでガザ地区*を攻撃したと非難しました

ガザ
パレスチナ/イスラエル
ヨルダン

地中海で(1985年)

イスラエルの新聞は1985年、イスラエル軍が劣化ウラン弾でゲリラ船を撃沈と報じました

＊イスラエルがパレスチナ人を押し込めておくために設定した地域。イスラエルの許可がないと、住民はここから出られない

鳥島の射爆場で（1995～96年）

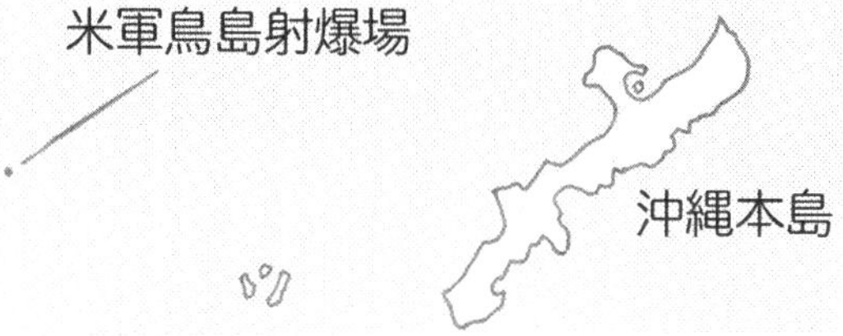

米軍鳥島射爆場
沖縄本島

1995年12月～1996年1月、米海兵隊のAV8Bハリアー攻撃機が鳥島射爆場で25mm劣化ウラン弾1520発を撃ちました

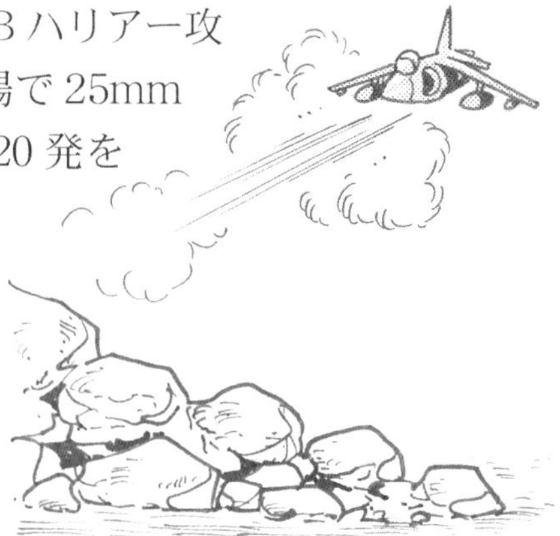

ところが1997年1月まで、その事実は隠されていました

射撃後の薬きょうが取引業者の手に払下げられ、沖縄県内で発見されました

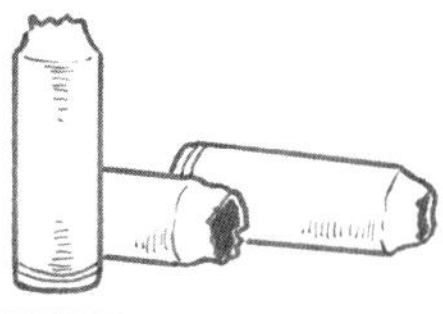

沖縄県の抗議で米軍は247個の劣化ウラン弾を回収しましたが、200キログラム近い劣化ウランは残ったままです
日本政府はこの「射撃事件」に一応抗議はしましたが、沖縄県がすべての劣化ウラン弾の回収と撤去を求めているのに対し、政府はなんの対応もしていません

梅香里の米軍射爆場で（韓国、2000年）

2000年5月、ソウルから60km離れた梅香里《メヒャンリ》射爆場で劣化ウラン弾が使われていた事実が明るみに出ました。韓国内では基地撤去の運動が起きています

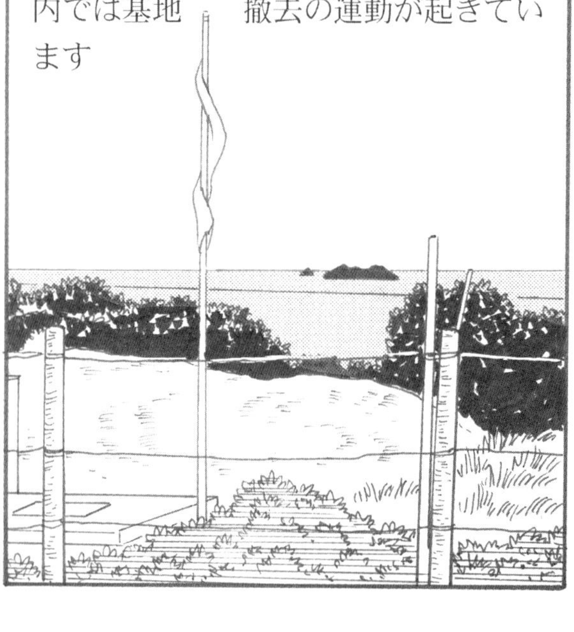

ビエケス島米軍射爆場で（1999年）

1999年2月、プエルトリコのビエケス島射爆場で攻撃機ハリアーが劣化ウラン弾263発を発射。基地閉鎖を要求する声が高まりました

またもハリアー

2003年5月、住民の反対運動によって射爆場が閉鎖させられたのね！
平和に射爆場はいらないわね！

第9章　ふえつづけるヒバクシャ

ヒロシマ
1945年
8月6日
ナガサキ
1945年
8月9日
広島と長崎は人類史上最初のヒバク地となりましたが、それで終わりではありませんでした
核兵器と原子力発電が広がるにつれてヒバクシャも広がってるのね
アメリカ
ネバダ州核実験場
セミパラチンスク
旧ソ連核実験場
ビキニ環礁《かんしょう》
(アメリカ)
第五福竜丸《ふくりゅうまる》事件*
南太平洋の
島々で核実験
クリスマス島
(アメリカ)
ムルロア環礁(フランス)
スゲー
スゲー
核実験場に兵隊を送り込んで被《ひ》曝《ばく》兵士(アトミックソルジャー)を生み出している
原子力発電は常時、放射能をたれ流しているしね
原爆、核実験場、原発、劣化ウラン弾とつながっているんですね！

＊第五福竜丸事件＝1954年3月、米国がビキニ環礁で水爆実験を行い、近くで操業中の漁船「第五福竜丸」が「死の灰」をあびた。乗組員23名が被曝、9月久保山愛吉さんが死亡した

世界ヒバク地図

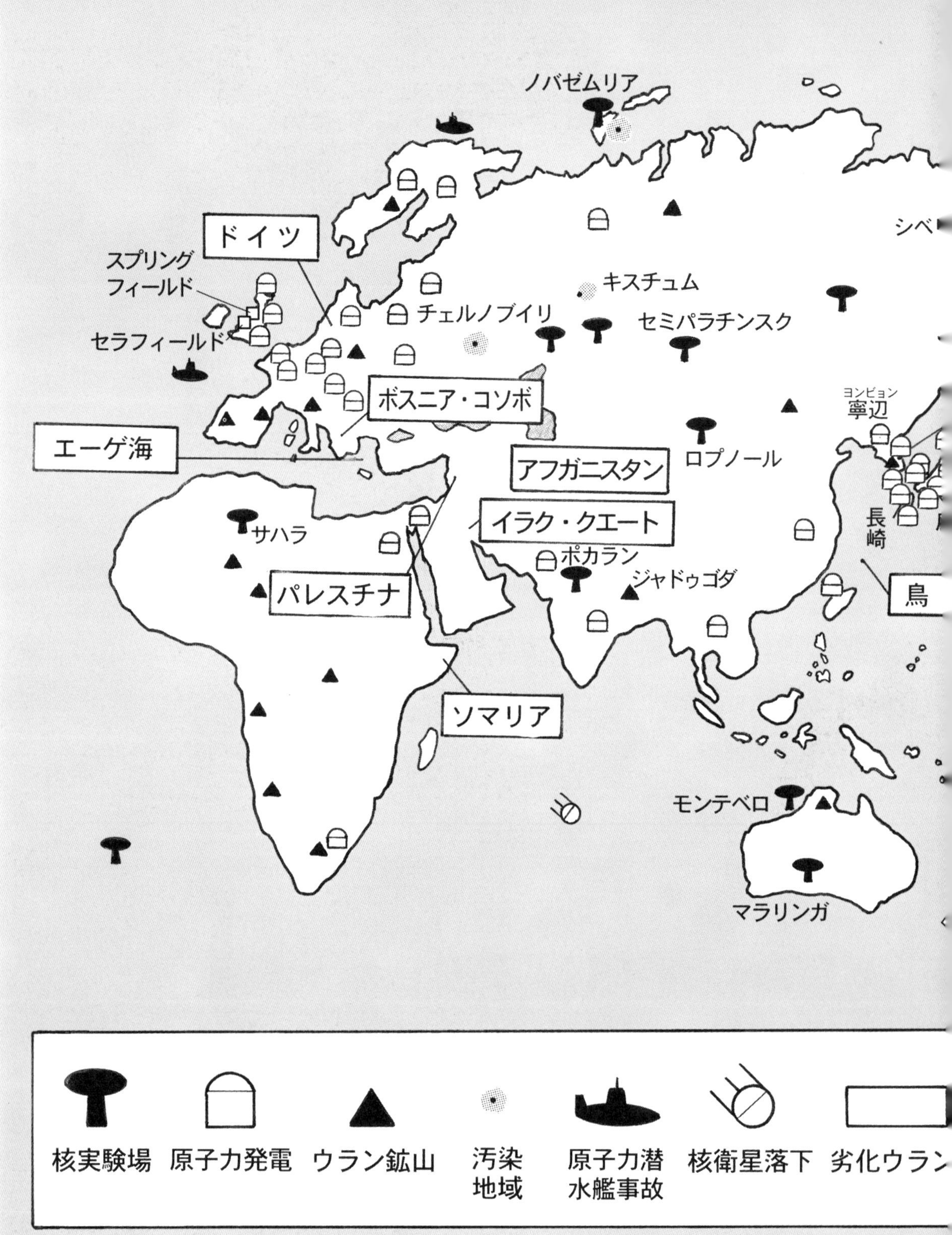

ノバゼムリア
シベ
ドイツ
スプリング
フィールド
セラフィールド
キスチュム
チェルノブイリ
セミパラチンスク
ボスニア・コソボ
エーゲ海
寧辺《ヨンビョン》
ロプノール
アフガニスタン
イラク・クエート
サハラ
ポカラン
ジャドゥゴダ
パレスチナ
長崎
鳥
ソマリア
モンテベロ
マラリンガ
核実験場
原子力発電
ウラン鉱山
汚染
地域
原子力潜
水艦事故
核衛星落下
劣化ウラン

チュコト
アムチトカ
香 里
ネバダ州・ユタ州
ニューヨーク州
スリーマイル島
ビエケス島
ハワイ
ビキニ環礁
ジョンストン島
ンゲラップ島
クリスマス島
マルデン島
ムルロア環礁
ファンガタファ島
世界中を
ヒバク地にして
私たちの未来は
あるの?!

中国新聞社取材班『ヒバクシャ』(講談社)
ほかによる。

安全です！ 安全です！ まったく！ 安全です！
米英は「劣化ウラン弾は安全」と言いつづけているけど本音はどうなの？
劣化ウラン弾を使うアメリカの本音は？!
1943年の報告からすでに危険性を認めているよ
米国防省秘密報告（1943年）
放射性物質が微粒子となって兵士がそれを吸い込む可能性、その場合の被曝《ひばく》と人体各部への影響、免疫力《めんえきりょく》低下など認めている
湾岸戦争の前にはダグラス・ロッキー少佐の指揮で詳細な防災マニュアル、ビデオを作っている
MANUAL OF D.U. WEAPON
U.S. ARMY
マニュアルを作っただけで、湾岸戦争では使われなかったのね
ダグラス・ロッキー少佐
REPORT OF D.U. WEAPON
Los Aramos Laboratory
人の命なんかどうだっていいというわけね…
きわめつけはロス・アラモス国立研究所*報告だろうね
ロス・アラモス国立研究所報告
国際世論による使用中止の圧力があるかもしれないが、劣化ウラン弾は優秀な武器である
代わりのものが出てくるまでわれわれはこれを守らなければならない

＊ロス・アラモス国立研究所＝ニューメキシコ州、核兵器に関する研究開発を行なっている

第10章　アメリカの世界戦略と本音

けっきょく、米国の核戦略に世界がふり回されているんですね?!
そうだね
米国はこれまで攻撃的で**場当たり的な戦略**ばかりとってきたんだよ
イラク
イラン
アフガニスタンでは米国は、旧ソ連に対抗するためにアルカイダやビンラディンを育ててきた
イラン、イラクではイスラム教シーア派のイスラム革命を阻止するためにフセイン大統領に軍事援助をつづけてきたんだ
石油・ウラン資本
金融資本・イスラエルロビー
軍産複合体《ぐんさんふくごうたい》
穀物《こくもつ》メジャー
金融資本や石油資本に、軍需産業などネオコン*が加わって、米国の世界戦略が打ち出された
ネオコン
1996年、「アメリカ新世紀プロジェクト」(PNAC)が21世紀のアメリカの戦界戦略を発表した

＊ネオコン＝ネオ・コンサーバティブ。新保守主義の略。ジョージ・ブッシュ大統領のとりまきグループ

21世紀も戦争だらけにしよう！
石油・ウランを使いつづけよう！
ドル体制を守っていこう！
どんな汚い手を使ってでもブッシュを大統領に！
世界中の食べ物をファーストフード化しよう！
キリスト教徒の使命だ！
彼らの戦略はこんな内容なんだ！
ワ～時代錯誤《さくご》～！！
爆弾と石油とウランを大量に使いつづける世界を目指してるんですね！　そんなんで地球がもつと思ってるのかしら？
思ってないかもしれないけど、これよりほかに彼らの生き残る道はないんだろう

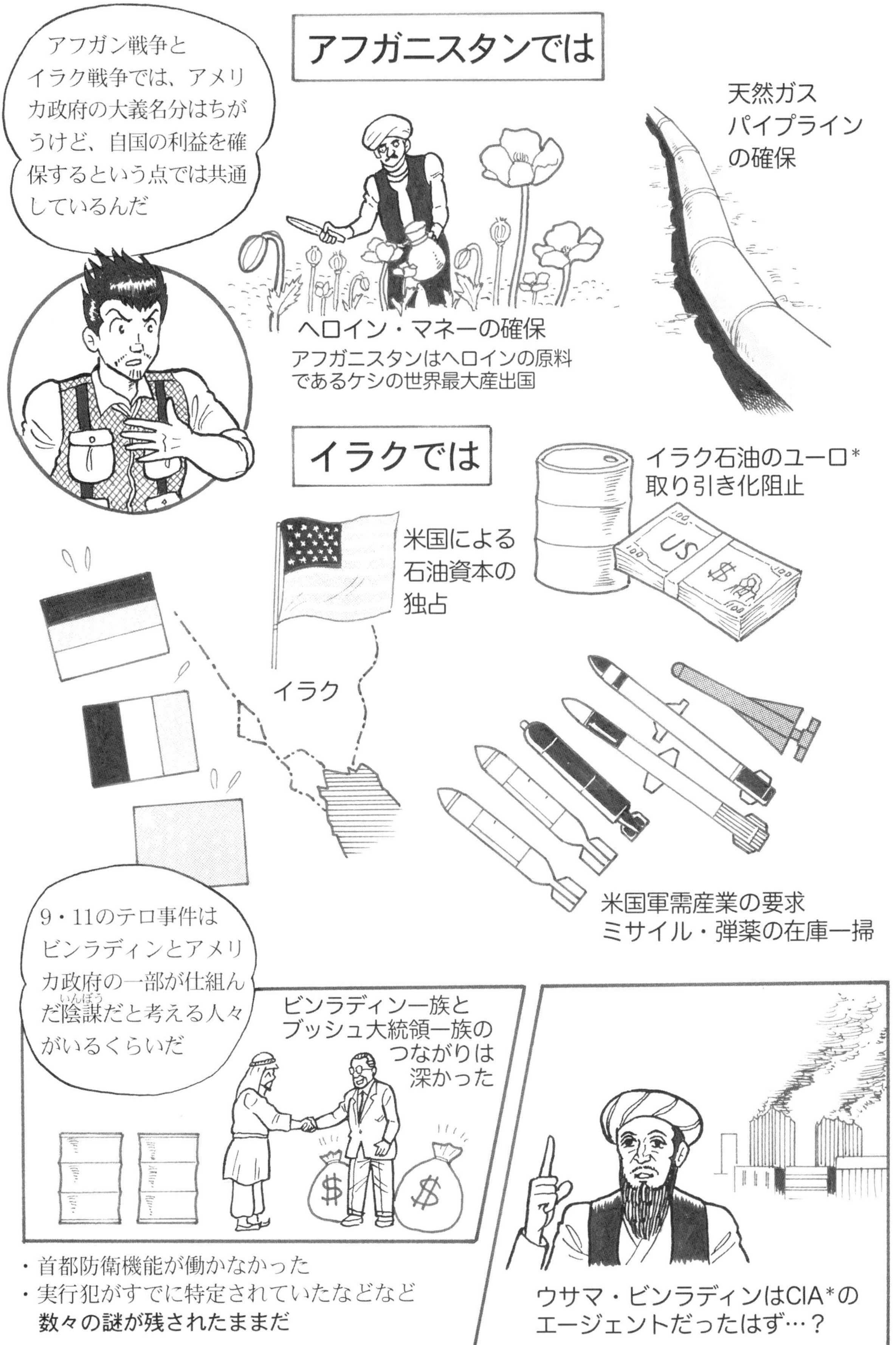
アフガン戦争とイラク戦争では、アメリカ政府の大義名分はちがうけど、自国の利益を確保するという点では共通しているんだ
アフガニスタンでは
天然ガスパイプラインの確保
ヘロイン・マネーの確保
アフガニスタンはヘロインの原料であるケシの世界最大産出国
イラクでは
イラク石油のユーロ*取り引き化阻止
US
米国による石油資本の独占
イラク
米国軍需産業の要求
ミサイル・弾薬の在庫一掃
9・11のテロ事件はビンラディンとアメリカ政府の一部が仕組んだ陰謀《いんぼう》だと考える人々がいるくらいだ
ビンラディン一族とブッシュ大統領一族のつながりは深かった
・首都防衛機能が働かなかった
・実行犯がすでに特定されていたなどなど
数々の謎が残されたままだ
ウサマ・ビンラディンはCIA*のエージェントだったはず…？

*ユーロ＝欧州連合の共通通貨
*CIA＝米国中央情報局。いわゆるアメリカ政府の指令で動くスパイ組織

第11章　劣化ウラン弾をなくすために

劣化ウラン弾に最初に反対したのは製造工場の職員や地域住民だったね
ええ、それから被曝《ひばく》した兵士や家族、被害地の市民でした
NO WAR!
NO DU!
Stop Use D.U. Weapons

国連人権委員会の小委員会も1996年にほかの非人道兵器とともに劣化ウラン弾の廃棄を求める決議をしました

2000年2月、フランス国営テレビで特別報道ガロア将軍が発言
これからもっともっと劣化ウランの被害が広がるだろう

2000年12月、イギリスで劣化ウラン弾の被害に関する国際会議が開かれ、劣化ウランの使用禁止を求める国際世論を作り上げるための話し合いがされました

2001年1月には欧州会議が劣化ウラン弾禁止を求める決議を採択しました

2002年1月、イギリス海軍は劣化ウラン弾を
回収、タングステン弾と切替え始めました
これは乗員の被曝《ひばく》を考えてのもので、世論を考えたのではなさそうだ

さすがに広島の
人たちは
本気ね！

2003年3月、広島に6000人が集まり、「NO WAR NO DU」の人文字をつくりました

Stop Nuclear
NO!
DU We
劣化ウラ

3月23日原爆ドームはリボンメッセージで二重三重にとり囲まれた。ヒロシマの歌が高らかに響く

（写真：戸村良人）

Let's call out NOW

photo by Naomi Toyoda

NO WAR NO DU!

On March 2 in Hiroshima, 6000 people gathered to form this "human message": NO WAR NO DU (depleted uranium)! The US has admitted having used more than 300 tons of DU during the Gulf War; it is likely to use more DU and new nuclear weapons as well in the war against Iraq.

Hiroshima says NO to more *Hibakusha* (radiation victims) The White House's denial of the radioactive and toxic effects of DU weapons is FALSE

Peace walk in front of the A-bomb Dome

In Iraq, cancer and birth defects have soared since the Gulf War. At some hospitals, 3% of all babies are born with defects. Parents no longer ask, "Is it a boy or girl?" They ask, "Is it normal?"

photos by Naomi Toyoda

photo by Michio Ide

International Appeals against DU:

"The United States has conducted two nuclear wars. The first against Japan in 1945, the second in Kuwait and Iraq in 1991." (Dr. Helen Caldicott)

"Depleted-uranium weapons are an unacceptable threat to life, a violation of international law and an assault on human dignity. (Ramsey Clark, former Attorney General of the U.S.)

"[T]he Veterans Administration conducted a state-wide survey of 251 Gulf War veterans families in Mississippi. Of their children conceived and born since the war, 67% have illnesses rated severe or have missing eyes, missing ears, blood infections, respiratory problems and fused fingers." (Metal of Dishonor Depleted Uranium, p. 148)

"The Defence Ministry is misleading the public by issuing incorrect information about the harmlessness of DU. That information can do nothing but lead the whole world in a terribly wrong direction." (a British veteran suffering from the Gulf War syndrome, Discounted Casualties, p. 97)

Origin, Uses, Effects of Depleted Uranium

Depleted uranium (DU) is a byproduct of the process during which fissionable uranium (uranium 235) used to manufacture nuclear bombs and reactor fuel is separated from natural uranium...

DU (uranium 238) is about 40 percent less radioactive than natural uranium, but **it remains radioactive for 4.5 billion years**. Because it is such a highly dense metal -- heavier than lead or steel -- it is prized for its abilities to both penetrate military armor and provide shielding against attack.

Upon impact, DU produces extremely fine uranium oxide dust that is both chemically toxic and radioactive. Easily spread by wind, it is inhaled and absorbed into the human body and absorbed by plants and animals, becoming part of the food chain. (from "Iraq links cancers to uranium weapons: U.S. likely to use arms again in war" by Robert Collier, San Francisco Chronicle, January 13, 2003)

Please visit the following sites for more information about this ad and DU:
www.peace2001.org/ www.transnet-jp.com/DUban/
www.savewarchildren.org/ www.ldust.org/

"March 2 Hiroshima NO WAR Human Message" Committee
P.O. Box 3, Aki-Itsukaichi, Hiroshima, Japan 731-5191
Email: horizons@cc22.ne.jp
Global Peacemakers Association,
P.O. Box 8867, Atlanta, GA 31106
Email: leeps@mindspring.com Tel: 404-888-0586

●ニューヨーク・タイムズ紙（2003年3月24日付）に掲載された「3・2人文字メッセージ」の意見広告

先生たち、いろいろ教えてくださってありがとう！
最後に私たちにできることを教えてください
それはアメリカ新世紀プロジェクト（PNAC）*が考えていることと逆のことをすることだね
＊67、68ページ参照
石油のガブのみや大量消費の生活をやめて自然エネルギーや燃料電池を使うこと
そうすれば危険なウランを使用する原発はいらなくなるし、劣化ウランもなくせる
省エネ、風力発電、太陽光発電、バイオマス利用*、小規模水力発電の利用を進めることが大切だ
石油とウランをめぐる戦争がなくなるので人を殺すための兵器もいらなくなる
原発もじつは石油を大量に消費しています
不用品
不用品

＊バイオマス＝木や稲わら、生ごみ、家畜の糞尿などの生物に由来するエネルギー源

アフガン戦争、イラク戦争を始めたブッシュをやめさせ、まともな大統領を選ぶこと
これはアメリカ市民の仕事だね
宗教や人種に対する偏見や差別をなくすことが重要だ
イスラエルはすぐに、パレスチナ人に対する人権抑圧をやめるべきだね
そうしないと自爆テロも後をたたない

ファーストフードをやめスローフードを心がけよう。日本の食料自給率*を高めることが必要だ
ファーストフードも石油ガブのみ食品なんだよ
COP NOODLE
わたしテリヤキチキン好きなんだけど…

NO WAR NO DU!
「NO WAR NO DU!」は明日の地球とあなたの未来を守るスローガンです！

＊日本の食料自給率（カロリー自給）は、40％という先進国中の最低の水準だ

おわり

■はやわかり劣化ウラン

●天然ウラン（天然ウラニウム）＝天然の元素のひとつ。自然にあるウランの鉱山（ウラン鉱石はセンウラン鉱・カルノー石などがある）から採掘される。金に次いで比重が大きい重金属。放射性物質（放射線を出す性質）。放射線を出しながら崩壊していく。放射線の出方がゆっくりした放射性崩壊でウラン 238 は半減期が 45 億年と極めて長い。半減期の短いプルトニウムなどと比べるとウランは比較的弱い放射性物質である。

●ウラン＝元素名 uranium。天王星にちなんで命名された。元素記号＝U、原子番号＝92，原子量＝238.0289、同位体とその組成は、U234＝0.0055%、U235＝0.7200%、U238＝99.2745％。沸点 3930℃、融点＝1132℃、密度 19.05g/cm^3。単体は，銀白色金属。空気中で強熱すると二酸化ウラン（UO_2）となる。ほとんどの酸に溶けるが、アルカリ溶液には溶けない。ウラン 235 は天然に存在する唯一の核燃料。

●ウラン235＝天然ウランの中に0.72％だけしか含まれない核分裂反応するウラン。核兵器や原子炉の核燃料に使われる。ウラン235の濃度を高めることを濃縮という。世界最初の核兵器は広島に投下されたウラン爆弾（80％以上がウラン 235。長崎に投下された原爆はプルトニウム爆弾）。

●劣化ウラン＝ウラン濃縮の工程で生み出される放射性廃棄物。英語ではDepleted Uraniumと表記される、「取り尽くされたウラン」という意味で「劣化ウラン」と訳語が当てられた。「劣化」の訳語には、「自然にウランの質が悪くなる・毒性が弱くなった」という印象があるが誤解。

●回収ウラン＝天然ウランや原子力発電の「使用済み核燃料」からプルトニウムが取り出された後のウラン。Recycled Uranium いわば、絞りカスのウラン。ほぼ99％がウラン 238 で、回収ウランと呼ばれる。現在、核兵器・原子力の材料としては資源価値のない廃棄物。

●劣化ウランの金属の特性＝比重が高く密度 19.05g／cm^3）、硬い金属であり、ウラン 235 を取り出した後の廃棄物であるがゆえに極めて安価。

●劣化ウラン・回収ウランが発生する２つの過程＝①天然ウランからウラン235を取り出す過程。②原子力発電の「使用済み核燃料」を再処理して、ウラン235を取り出す過程がある。再処理で回収されたウランのほうがはるかに放射線量率が高くなる。劣化ウラン弾の組成は正確にはわかっていない。核兵器・原子力が使われるかぎり大量に出る厄介な放射性物質。日本も劣化ウランを約１万トン保有しており、毎年 800 トンずつたまり続けている。

●ウランは放射能を持つ毒物＝ウランから出る放射線は主としてアルファ線とわずかなガンマ線。体内に入ってから放射線を出すと、放射線で細胞の染色体（DNA）が傷つけられる（体内被曝）。白血病、発ガン、免疫不全、先天性疾患などの放射線障害が発生する。健康被害は何年か先に現れることが多いので、劣化ウランとの因果関係の証明は困難である。

●ウランには化学毒性がある＝ウランは重金属の一つで、強い化学毒性がある。ウランを吸引すると鉛毒と同様、呼吸器系疾患、腎臓、肝臓などに不全を起こす人体影響がある。

●劣化ウラン弾＝劣化ウランに少量のモリブデンとチタニウムを混ぜて、高温を発するマグネシウムで焼き固めて金属状にする。これを主に対戦車の徹甲弾の弾芯に用いる。弾丸が固い物に衝突すると衝撃で発熱して燃え上がり、酸化ウラン、セラミック・ウランの微粒子になって空気中に拡散する。肺の中に吸い込まれた劣化ウランの微粒子は、細胞や血液に入り長期にわたってアルファ線を放射する。アルファ線の飛距離は大気中ではわずか数センチと極めて弱い（体外被曝の危険性は少ない）が、体内に吸収されて体内被曝を生じれば、周囲数ミリの細胞の染色体が損傷され、発ガン性が極めて強い。燃えカス、破片は地中に入ったり、水中に入る。地中深く突き刺さった弾丸は土の中で水分と反応して水溶性のウランへと変質し、地下水を汚染し、植物に吸収されたり地下水に溶け込んだりして環境に拡散する。環境中に拡散したウランは呼吸・水・食べ物を通して人の体内に入る。劣化ウラン弾が環境にどのような影響を与えるか、現段階でははっきりしたことはわからない。

●劣化ウラン被曝の検査＝人が被曝したかどうかは、尿に排出されるウランの濃度と核種を測定するが、極めて高度な分析が必要とされる。

●劣化ウランの民生利用＝ヘリコプターの羽根の先端に慣性力を付けるための重り、民間航空機の主翼や尾翼にバランスウェイト（バランスをとるための重り）として取り付けられる。ボーイング747ジャンボ機では最大400kgのバランスウェイトが取りつけられている。航空機事故の際は、劣化ウランの燃焼による汚染が

■イラクで放射能汚染を調査するアメリカ軍

問題になる。1995 年以降、日本の航空機からは劣化ウランが取り除かれ、タングステンが使われている。

●劣化ウランについての日本の政府答弁＝第 156 回国会　イラク人道復興支援並びに国際テロリズムの防止及び我が国の協力支援活動等に関する特別委員会（第4号　2003 年 6 月 27 日／金曜日）

○川口国務大臣　三月二十六日とおっしゃったその同じ日かどうかというのは、私、ちょっと今資料が手元にありませんのではっきりいたしませんけれども、ブルックス准将が記者会見で、米軍は、持っている兵器のうち、非常に少量だけれども劣化ウラン弾を持っているということを言い、ただし安全性については確信をしている、ちょっと言葉の使い方は正確ではないかもしれませんが、ということを言っていますけれども、アメリカ軍が劣化ウラン弾を実際に使用したかどうかということについては確認をしていない、使用したとは言っていないと私は記憶をいたしております。（アメリカ軍は劣化ウラン弾を持っている。安全だと言っている。使用したとは言っていないと記憶している）。

○石破国務大臣　あるいは、サマワにおきます放射能汚染の事実関係は、私どもよりも外務省にお尋ねをいただいた方がより適切なお答えが得られるのかもしれません。アメリカ軍として劣化ウラン弾を保有しているということは、このイラク戦争の期間も申しておったと私は記憶をいたしております。しかし、保有をしておるということは申しましたが、実際にそれを使用したというふうにアメリカの方が認めたということを、私としては確認しておりません。それが事実として申し上げられることでございます。（アメリカ軍が劣化ウラン弾を持っているとは聞いているが、使ったかどうか私（石破）は確認していない）。

●2004 年 3 月 12 日の参院予算委員会＝川口外相は「劣化ウラン弾がサマワ地域でも使用された」と述べ、石破防衛庁長官は「現場の隊員には安全確保に必要な情報を与え、対策は取っている」と答弁した。

●アメリカ軍のブリーフィング＝2003 年 3 月 14 日、アメリカ軍は「どのように、なぜ劣化ウラン弾（DU）を使うのか？」と題した説明で、タングステンと劣化ウランの弾の威力を比較した図を発表した（下図参照）。装甲用鋼板をつき抜く威力があるとしている。

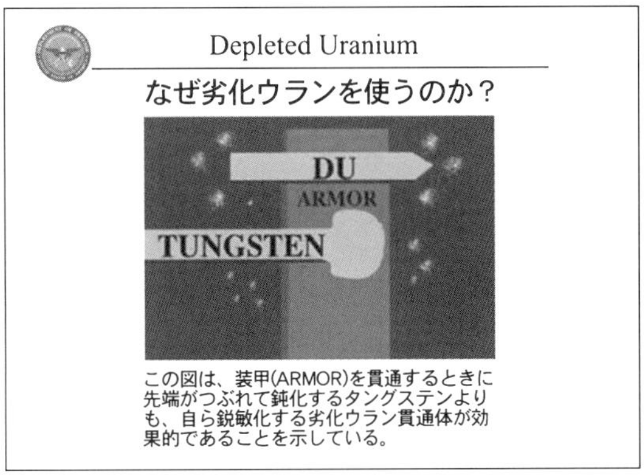
Depleted Uranium
なぜ劣化ウランを使うのか？
DU
ARMOR
TUNGSTEN
この図は、装甲(ARMOR)を貫通するときに先端がつぶれて鈍化するタングステンよりも、自ら鋭敏化する劣化ウラン貫通体が効果的であることを示している。

●湾岸戦争症候群（シンドローム）＝1991 年の湾岸戦争で劣化ウラン弾が初めて大量に使用され、米国の帰還兵に健康障害が多発し、その子どもに先天性疾患や発ガンが頻発した。イラク南部の住民やバルカン半島でも、小児ガンや先天性疾患、死産や流産の急増が報告された。米政府は風土病やフセインのプロパガンダと主張している。

●国連環境計画（UNEP）の勧告＝米国がコソボやボスニア、コソボ紛争で使った劣化ウランの調査をしている国連環境計画の「紛争後評価ユニット」は、劣化ウランが重大な被害を与える可能性を考慮して、劣化ウラン弾の使用場所の公表、撤去と清掃、周辺住民の健康調査を勧告。国連人権小委員会や欧州議会では使用禁止の決議が上がっている。アメリカは「人または環境に対する危険はなかった」と報告している。原子力発電の高レベル放射性廃棄物と同様、「使用された後のことを考えずに開発された兵器」といわれている。

●イラク各地から放射能を検出＝2003 年 4 月フォトジャーナリスト豊田直巳氏が、5 月末から 6 月はじめに慶應大学の藤田裕幸氏が、バグダッド、バスラなどで、ガイガーカウンター（放射能測定器）によって 3 マイクロシーベルト / 時（uSv/h）から 10 マイクロシーベルト

／時を計測。自然の測定値は 0.1 μSv/h で、30 ～ 100 倍の高濃度。コソボやボスニアで測定した線量（慶応大学藤田祐幸氏）とほぼ同じレベル。このレベルは原子力発電所の放射線管理区域に匹敵する。ウランの放射能の半減期は 45 億年で、地球の誕生以来の時間にほぼ等しい。いったん汚染された大地が元に戻ることは永遠にないといっても過言ではない。

●**汚染された建物などからの防護対策**＝ガイガーカウンターで有意な反応が出ている建物については、封鎖し、立ち入り禁止。戦車は、汚染拡散防止、「危険」を住民に知らせるためビニールシートで覆う。とくに子どもに危険地区、危険物には近寄らないよう徹底すること。人が集まる場所や道路などで線量の高い場所は表土を削り取るかアスファルトなどで固める。除洗作業を行う人は、塵を吸い込まないために全面マスクと空気呼吸器を装着し、拡散を防止するために皮膚や衣服に付着するのを放射能防護服で防護することが必要

●**バスラ母子病院**＝多数の子どもたちが白血病や幼児性腎腫瘍などで入院。J.G. ハッサン医師によれば、バスラ州の子供たちの悪性腫瘍の発生数は、1990 年には年間約 20 人、湾岸戦争以後しだいに増加、2002 年 160 人、90 年の 8 倍とされる悪性腫瘍のうち、その約半分が白血病で、リンパ腫、神経芽細胞腫、幼児性腎腫瘍。また、早産、死産も多く、その中には数多くの先天性疾患が見られる。これは、広島・長崎・チェルノブイリの経験から推測される事態と一致している（藤田祐幸氏による）。

●**バルカン症候群**＝ボスニア・ヘルツェゴビナ紛争（1992 ～ 95 年）、コソボ紛争・ユーゴ爆撃（1999 年）でも劣化ウラン弾が使用された。前者では 1 万 800 発、後者では 3 万 1500 発の劣化ウラン 30mm 機関砲弾が撃ち込まれた。1 発の劣化ウラン弾の重量がおよそ 300g であったことから、合計 4 万 2300 発のウラン弾のウラン重量はおよそ 12.7 トンに相当する。2000 年 12 月、ヨーロッパのメディアは、コソボ平和維持部隊（ＫＦＯＲ）に参加をしたイタリア兵士のなかに白血病で死亡する例がすでに 6 例あると報道。同様に、オランダでも 2 人が白血病で死亡、チェコで 1 人が白血病で死亡、ベルギー、ポルトガルでも死者が相次いでおり、フランス、ドイツでも白血病で治療中の元コソボ派遣兵士がいる。

コソボで環境調査を行う国連環境計画のスタッフ（2000 年 10 月）
出典：国連環境計画コソボ劣化ウラン報告書より

●**ボスニア症候群とバルカン症候群**＝「ボスニア症候群」は戦争による精神的な「症状」も含む用語。「バルカン症候群」はいわゆる「湾岸戦争症候群」と同様、劣化ウラン弾によって戦後発生した一連の日和見感染症やガン、白血病を含む用語として使われている。

（劣化ウラン研究会などによる）。

参考文献

■劣化ウラン弾関係

『放射能兵器劣化ウラン』 劣化ウラン研究会(技術と人間)

『劣化ウラン弾禁止を求めるヒロシマ・アピール』 劣化ウラン禁止(NO DU)ヒロシマ・プロジェクト編集発行

『イラク反戦と劣化ウラン』 山崎久隆・伊藤政子著(たんぽ舎)

『イラク爆撃と劣化ウラン』 山崎久隆・伊藤政子著(たんぽぽ舎)

『人類と環境を破壊する劣化ウラン』劣化ウラン研究会(たんぽぽ舎)

『イラク戦争と劣化ウラン弾』 本多勝一・豊田直巳・山崎久隆 (『週刊金曜日』416号)

『フォト・ルポルタージュイラク戦争の30日』 豊田直巳(七つ森書館)

『イラク　爆撃と占領の日々』 豊田直巳(岩波書店)

『イラク戦争　検証と展望』(写真 豊田直巳)岩波書店

『写真集イラクの子供たち』 豊田直巳(第三書館)

『劣化ウラン弾の恐怖』 豊田直巳(『週刊金曜日』458号)

『占領下のイラクを行く』広河隆一(『週刊金曜日』463号)

■戦争関係

『バルカン　ユーゴ悲劇の深層』 加藤雅彦著(日本経済新聞社)

『ユーゴの民族対立』 中村義博著(サイマル出版社)

『母と子でみる 湾岸戦争症候群』松野哲朗・文　山本耕二・写真 (草の根出版社)

『アフガニスタンの悲劇』 佐藤和孝著(角川書店)

『イラク戦争の30日』 豊田直巳著(七つ森書館)

『イラク戦争従軍記』 野嶋剛著(朝日新聞社)

『不肖・宮島 IN IRAQ』 宮島茂樹著(アスコム)

『ハイテク兵器のしくみ』(財)防衛技術協会編(日刊工業新聞社)

『歴史群像シリーズ・アメリカ空軍図鑑』(学研)

『コンバットバイブル』 上田信著(日本出版社)

『コンバットバイブル2』 上田信著(日本出版社)

『世界の艦船』519「特集・アメリカ海軍」(海人社)

『航空ファン』 2001年11月号(文林社)

■原発関係

『チェルノブイリ』 R・K・ゲイル、T・ハウザー著、吉本晋一訳(岩波新書)

『チェルノブイリの真実』 広河隆一著(講談社)

『高速増殖炉もんじゅ事故』 緑風出版編集部(緑風出版)

『原発事故はなぜくりかえすのか』高木仁三郎著(岩波新書)

『新版・日本の原発地帯』 鎌田慧著(岩波同時代ライブラリ)

『青い閃光－ドキュメント東海臨界事故』 読売新聞編集局(中央公論新社)

『図解雑学原子力』 竹田敏一著(ナツメ社)

『プルトニウム』 友清裕昭著(講談社ブルーバックス)

『原子力の未来』 鳥居弘之(日本経済新聞社)

『ノンちゃんの原発のほんとうの話』 反核・反原発副読本編集委員会編(新泉社)

『原子力読本 高校生の平和学習のために』 神奈川県高教組

『原子力読本』 編集委員会(東研出版)

『反原発事典』 反原子力文明編(現代書館)

『原子力発電はいらない』 内野直郎著(らくだ出版)

『週刊金曜日』「原発亡国ニッポン」シリーズ

『週刊金曜日』「原発のある風景」シリーズ

■自然エネルギー

『風車よ回れ！』 歌野敬・内田法世著(連合出版)

『太陽光発電』 浜川圭弘編著(シーエムシー)

■公害関連

『ドキュメント・日本の公害』1～13巻、川名英之(緑風出版)

『地球白書』2001－2002　クリストファー・フレイベン著(家の光協会)

『地球白書』2002－2003　クリストファー・フレイベン著(家の光協会)

『世界のヒバクシャ』中日新聞「ヒバクシャ」取材班(講談社)

『被爆の世紀』 キャサリン・ユーフィー著　友清裕昭訳(朝日新聞社)

『ホピ　宇宙からの予言』 カイザー・ルドルフ著、木原悦子訳(徳間書店)

監修・協力者紹介

【監修者】

■藤田祐幸（ふじた・ゆうこう）

慶応大学物理学教室。エントロピー論、科学哲学専攻。日本物理学会、エントロピー学会所属。

物理学者の立場から、放射能が人体と環境に及ぼす影響を訴え続けている。原子力発電や被曝労働の実態調査、チェルノブイリ周辺の汚染地域の調査（1990〜93年）、旧ユーゴスラビアのセルビア、コソボ、ボスニア地域で劣化ウラン弾の調査（1999年、2000年）を行う。

2003年5月末からバグダッドとバスラに入り、劣化ウラン弾による被害状況と環境汚染を現地調査、放射能測定などを行った。「イラク支援法案」を審議中の衆議院特別委員会で、参考人意見陳述を行い、「小児がんセンター」の設置など、医療水準の改善に寄与することを強く訴えている。

●主な著書：

『知られざる原発被曝労働・ある青年の死を追って』（岩波ブックレット）、『脱原発エネルギー計画』（高文研）、『原子力発電で本当に私たちが知りたい120の基礎知識』（東京書籍・共著）、『エントロピー』（現代書館・共著）、『ポスト・チェルノブイリを生きるために』（御茶の水書房）など。

■山崎久隆（やまざき・ひさたか）

1959年生まれ。劣化ウラン研究会代表、たんぽぽ舎運営委員、TUP-Bulletin メンバー。

湾岸戦争時に劣化ウラン弾が使用されたことで「新たな環境犯罪、戦争犯罪が始まった」と、劣化ウラン弾が及ぼす環境や人体への悪影響についての調査・研究を開始。論文執筆、啓蒙パンフレットの刊行、研究会報告、講演会などを精力的な活動を繰り広げている。

TUP速報：2003年3月に作られたメーリングリスト。戦争と平和に関する翻訳記事や重要な情報を速報する掲示板。日本では報道されない米英を中心とした情報を翻訳家約40人が、ボランティアで手分けして翻訳し、配信の登録をした人にお届けしている。購読料は無料。

劣化ウラン研究会　http://www.jca.apc.org/DUCJ/index-j.html

TUP速報　http://www.egroups.co.jp/group/TUP-Bulletin/

●主な著作

「イラク戦争と劣化ウラン弾」（『週刊金曜日』416号）、『イラク反戦と劣化ウラン』『イラク爆撃と劣化ウラン』『人類と環境を破壊する劣化ウラン』（共著、たんぽぽ舎）、『放射能兵器劣化ウラン』（共著、技術と人間）など。

【写真協力】

■豊田直巳（とよだ・なおみ）

1956年生まれ。フォト・ジャーナリスト。日本ビジュアルジャーナリスト協会（JVJA）会員。

1983年よりパレスチナ問題の取材を始める。92年より中東のほか、アジアや旧ユーゴスラビア、アフリカなどの紛争地を巡り、そこに暮らす人々の日常を取材。主に新聞、雑誌、テレビにて作品を発表。

2003年、イラク戦争の直前からイラクに入国し、イラク戦争を取材し続けてきたフォトジャーナリスト。イラク、パレスチナ、難民をテーマにした写真展が全国を巡回中。

http://www.ne.jp/asahi/n/toyoda/

●主な著作：

『フォト・ルポルタージュイラク戦争の30日』（七つ森書館）、『イラク　爆撃と占領の日々』（岩波書店）、『イラク戦争　検証と展望』（写真集）岩波書店、『写真集パレスチナの子供たち』（第三書館）、『写真集イラクの子供たち』（第三書館）、『フォト・ルポルタージュ難民の世紀〜漂流する民』（出版文化社）など。

【作画】

■白六郎(はく・ろくろう)

漫画家、イラストレーター
永井豪氏率いるダイナミック・プロで教えを受ける。独立後、マンガ、イラスト、エッセーなどを手掛ける。趣味はオープンプGチューニングにボトルネックで弾くデルタ・ブルース、油絵など。平和、原発、核兵器問題はライフワークのひとつ。

●主な作品：

『マンガ・日の丸、君が代』(こじゅりん・K作／新興出版)、『あゆみの明日物語』(あけび書房)、『有事立法ってなに？』日本共産党中央委員会出版局)、『だいじにしようよ仕事と家族！(マンガ・ILO156 号条約)』(全日本教職員組合女性部発行)、『タケカワユキヒデの「もっと楽しもうよ！音楽」』(全 3 巻)、『スーパーマリオと遊ぼう！パソコン入門』(全 6 巻)『イラスト・クラスが変わる合唱創りのコツ』(以上イラスト／汐文社)

http://www.asahi-net.or.jp/~ba5y-kmhr/ 白六郎で検索して下さい。

人体・環境を破壊する核兵器！

マンガ版劣化ウラン弾

2004年 4 月15日　第 1 刷発行
2009年 3 月10日　第 3 刷発行

作画：白　六郎
監修：藤田祐幸・山崎久隆
発行者　上野良治
発行所　合同出版株式会社
東京都千代田区神田神保町1-28
郵便番号　101-0051
電話　03(3294)3506
振替　00180-9-65422
組　版：Shima.
印　刷／製本　光陽メディア

■刊行図書リストを無料進呈いたします。
■落丁乱丁の際はお取り換えいたします。

ISBN978-4-7726-0321-8　NDC 391　257×182